徐州传统民居

XUZHOU CHUANTONGMINJU

季翔 著

中国建筑工业出版社

图书在版编目（CIP）数据

徐州传统民居／季翔著．—北京：中国建筑工业出版社，2009
ISBN 978-7-112-11919-6

Ⅰ．徐…　Ⅱ．季…　Ⅲ．民居－简介－徐州市　Ⅳ．TU241.5

中国版本图书馆 CIP 数据核字（2009）第 044323 号

责任编辑：杨　虹　朱首明
责任设计：赵明霞
版式设计：杨　虹
责任校对：刘　钰　关　健

徐州传统民居
季　翔　著
*
中国建筑工业出版社出版、发行（北京西郊百万庄）
各地新华书店、建筑书店经销
北　京　嘉　泰　利　德　公　司　制　版
北京云浩印刷有限责任公司印刷
*
开本：787×960 毫米　1/16　印张：12¾　字数：320 千字
2011 年 12 月第一版　2011 年 12 月第一次印刷
定价：68.00 元
ISBN 978-7-112-11919-6
(19152)

序

注重过程美是季翔先生的特点，这就决定了其人注意或留意身边的事物，作为建筑师、教育工作者在徐州参与设计和研究了众多项目。经过多年积累，对徐州传统民居进行了大量的考证与调研，其研究课题得到住房和城乡建设部的立项，通过近三年的田野调查、数据测绘、分析研究得到丰厚的成果，《徐州传统民居》一书由此诞生。

季翔先生对徐州传统民居进行了深入细致的调查和研究，并且向我们提供了简单的图示和大量的照片，从建筑的功能、技术、经济、人文环境等角度，对徐州民居进行了剖析，从空间形态、建筑结构、装饰色彩、文化精神、保护继承六个部分，探讨其视觉特征，研究其内在的设计原理和关联要素，发现其组合特点和规律，进而从视觉心理影响的角度挖掘建筑形态构成的机制。《徐州传统民居》有建筑体验的表述也有建筑欣赏的评论，用朴实的语言表达了专业的要点，展示了徐州传统民居的一个完整的画面。书中处处可以体现出季翔先生对徐州古民居的热爱，对徐州古民居保护的执着，这是十分可贵，并值得推崇的。路漫漫兮也宽广，吾辈的求索一定得到收获……。

季翔先生，苏南人，集国家一级注册建筑师，建筑学教授，室内设计师于一身。这使我想到勒 · 柯布西耶与达 · 芬奇两位大师，既是画家又是优秀的设计师，其作品被大家所熟知。我以为，成为优秀的建筑师、优秀的建筑教育者的前提就是以上诸多元素的组合。季翔先生长期在徐州工作、生活，他的风格，正像他对徐州传统民居的描述一样，可谓是“淮风吴韵”，既有江淮人的豪爽，又能吴地人的精致。季翔先生是一位我愿引为知己的朋友，在此，我向读者推荐季翔先生的这本著作，并期待季先生能有更多的作品问世。

是为序

仲德崑

2010 年 3 月于南京半山灯庐

目录

001　第1章　空间·形态

049　第2章　结构·构造

083　第3章　装饰·色彩

125　第4章　文化·精神

169　第5章　保护·继承

194　后　记

195　参考文献

第1章　空间 · 形态

建筑的本质即是运用一定的技术，对材料加以组合、装配，从而构成一定的建筑实体。如建筑的墙、壁、顶，以及门、窗等。由建筑的墙、壁、顶和门、窗等实体因素所围合形成建筑物的内部空间，其外则形成建筑物的外部空间。因此，实体是划分空间的手段，建筑是划分空间的艺术。本章从徐州民居的空间形态、空间布局、遮护分隔、入口处理等方面，分析徐州传统民居室内外空间形态。

1.1 徐州民居建筑空间形态

1.1.1 街巷

“巷”是具有中国特色与韵味的生活空间，它展示出聚落的细部，表述了居民的邻里生活。通过穿行的巷道，人们能体会到里巷宜人的空间，从而理解中华民族精神上特有的“深邃”，才能领略到多姿多彩的地方风情。传统的民居聚落提供了街道和里巷多样化的群体生活场所，人们出入相友、守望相依，生活上相互协作，长期的共同生活使邻里之间具有较强的亲和力。

1. 街巷的形成

街巷的源起是民居聚落的形成，民居聚落可以定义为普通传统住宅的集合。

从形成机制的构成特点看，由民居聚落形态形成的街巷有两大原因，一是自然形成的，受地域环境条件、交通条件的制约较大，其形态表现出较大的灵活性和自然性；另一是在规划意象的指导下选址布局并逐渐完善的，形态上表现为一定的象征性和人文历史因素的影响。民居聚落空间在长期的历史演化中，都具有了相似的空间意向。

1）血缘与宗族意向

自古以来，人类就追求一种具有向心内聚状态的居住空间。上古时代，人们是聚族而居、合族而处的。同一族的往往在一起生活，后来逐渐衍化成以宗族、家族、家庭而居。我国民居聚落就是在这个规律的支配下，不断地生、聚、组合，由个人到家庭、由家庭到宗族、氏族、村落，经几千年演变形成今天的亿万个聚落村镇。

2）自然环境意向

中国的传统文化一直是崇尚农业生产，人口中的绝大部分都依附于土地而从事农业生产，过着“日出而作，日落而息”的田园生活。人们在这种生活方式中展开了人和自然的关系，找到了自己在宇宙中的位置，产生了深刻的崇敬自然山水和土地的观念，并使自己的想法、审美情趣、价值观念等都和土地联系上。同时受中国传统哲学“天人合一”观念的影响，民居村落布局均“宜以大地山河为主”，因借自然，并与自然环境相协调，故呈现出一种自由灵活的布局形式，从而形成丰富多样、地域特征又十分突出的自然村落景观。同时，由于中国的传统社会是一种自给自足的小农社会，因此在这种典型的自给自足的村落环境模式中，村落与环境已完全融为一体，表现出人与自然共生、共存、共荣的和谐关系。

3）风水意向

在中国数千年的文明历程中，风水一直是乡土社会追求理想环境的代名词。我国传统建筑文化的一个极为显著的特点是各种建筑的营建活动，几乎无不受到所谓风水理论的深刻影响。风水的宗旨或基本追求是：审慎周密地考察自然环境，顺应自然、有节制地利用和改造自然，创造良好的居住环境而臻于天时、地利、人和诸吉，达于天人合一的完善境界。正是基于这一宗旨，传统的民居聚落空间具有了“负阴抱阳、背山面水”的基

本格局，这种空间意向注重人与自然的有机联系及交互感应，注重人与自然种种关系的整体把握，形成了历经数千年不辍的丰富自然村落景观。

随着商业、手工业从农业中分化出来，聚落就分化成以农业为主的村落和以商业、工业为主的城市。城市聚落在早期表现为以商业、手工业为主要构成和散居特征的附城邑寨——城市聚居区，随着阶级分化和等级制度的加强，这种散居型中心聚落的附城邑寨转化为等级分化的集聚型中心聚落内的里坊。在这一过程中，附城邑寨衍变成了城内的里坊。寨门、寨墙就自然地转变为坊门、坊墙。

里坊是中国封建社会城市聚居组织的基本单位，为居民居处之所，起源于秦汉，到魏、晋、南北朝时最终形成，并盛行于隋唐。北宋时，取消了里坊制，城市居住区以街巷划分空间，里坊制发展为坊巷制。北宋晚年至南宋，在东京、平江、杭州等城市相继产生了一种新的聚居制度——坊巷制，这是一种以社会的经济功能为基础的聚居制度。所谓坊巷制，就是以街巷地段来划分聚居单位，每个坊巷内不仅有居民宅邸，还有市肆店铺。坊巷入口处，叠立坊牌，上书坊名。坊巷内的道路与城市干道相连通，坊巷之间可以自由来往，这种坊巷按照城市居民的日常生活需要来规划功能结构以及配置服务设施。

元朝时城市居住区沿用了两宋的街巷式布局。以元大都为例，城中的主要干道都通向城门。主要干道之间有纵横交错的街巷，寺庙、衙署和商店、住宅分布在各街巷之间。明清的北京城在元大都的基础上进一步发展，形如栉比的胡同分散在城市大街两侧，在胡同和胡同之间配以经纬相交的城市次要街道，大小街道上散布着各种各样的商业和手工业。

聚落形态随着人类生产力的发展和与之相适应的生产关系的变化而变化发展，由远古聚落发展到城市聚居的里坊制、坊巷制和街巷式，反映了街巷从满足城市交通功能向体现居住者人文功能的转变，反映了聚居制度从以社会政治功能为基础向以社会经济功能为基础的转变。这种转变不仅体现在城市的聚居制度与聚居形态之中，而且体现在规划布局上——街巷式的空间出现。

2. 徐州民居街巷形态

以徐州传统民居街巷式的形态体现历史聚居制度的许多特点，反映了社会经济发展对民居规划布局的影响。其民居街巷形态的共同特点有：

(1) 同一属性居住区有一条主街，两侧有市肆店铺，以满足居民文化生活需求，并形成丰富的街坊景观；主街一侧或两侧有支巷或门楼（坊门），小巷道横跨主巷道，布局紧凑，节约用地。

(2) 巷道两旁多是石基砖墙，巷道地面中间用厚青麻石铺设，两侧用青砖或规格较小的麻石铺设。墙面很少留窗（也有极少部分高窗），巷道的宽度差别也很大，因徐州地处北方，冬天气候寒冷，多采用较宽的巷道这样有利于冬日的阳光照射，较为温暖。

(3) 居住区为开敞式，便于生产和生活，反映了社会经济功能的加强。

徐州民居街巷空间具有序列性、领域性和神秘性等特点，外墙几乎都为不开窗的实墙，致使街道空间成为一种封闭的“窄巷深弄”。人们由街道空间，最终进入宅院，可以说经历了一个完整的序列。从容量上看则是从宽敞空间渐次转入到越来越窄小的空间，同时其公共性逐渐减小，私密性逐步增强。从自然的外部空间，经由街巷、庭院而至室内的空间，这一系列空间变化的联系，构成了中国传统民居建筑完整且多层次的复合空间系统。通过实体突破以及屋檐、外廊、披檐等形成的“第三空间”，丰富了巷道的空间形式与景观，如图 1-1 所示。

由于街巷空间基本是由方形或矩形住宅的外缘所界定的，因此，徐州民居巷道多以直线为主。部分由于有水域或水道的存在，曲线形巷道稍多一些。即使因地形限制而必须转折，也多取曲尺形的形式，很少出现斜向交叉的情况。

图 1-1　徐州典型的街巷

1）曲线或折线形

弯曲的街道空间呈现的是不对称画面构图。曲线或折线形的街巷空间，其两个侧界面在画面中所占地位则有很大差别：一个侧界面急剧消失，另一个侧界面则得以充分展现。弯曲或折线形的街道空间随着视点移动逐一展现于人的眼帘，具有较强的标志性，从而提高了街道空间的可识别性。

2）直线形

直线形的街道空间，其特点是一览无余，虽有利于交通，但景观单调。直线形空间大体为对称的画面构图，空间只有一个消失点。按透视原理，近处的建筑大，随着距离变化远处的建筑逐渐变小，致使建筑物的立面得不到充分展现。

3）十字相交形

十字相交的巷道并不多见，这样的巷道可使人的视线贯穿到底。如果是错位相交，由于街道发生了转折，借此可以阻隔视线，为其提供一个屏障或底景，使人感到曲折、含蓄。不同形状的巷道会给人以不同的空间感受。一般认为：空间宽窄变化给人的感观和心理印象远比立面变化来得深刻。例如，街巷的某些段落，由于两侧建筑物的夹峙，空间异常封闭，抬头仰望几乎只剩下一线天，但过了这一段却突现一个大缺口，使人豁然开朗。视野的极度收缩与空间的突然扩大给人合与开的强烈对比。还有一些街道，其中某段仅用低矮的院墙来限定空间，院内种植花木，每当行人路过，环境与氛围随之转换，令人倍感亲切。

现代城市设计中常会遇到街景单调乏味，缺乏变化；而道路大而无度，无法使人驻足停留，也不能形成中心感和领域感；城市缺乏节点或无法形成观赏点等。相对而言，虽然古代城市规划体系较之现代城市规划格局显得有些僵化，但从封闭的“里坊制”到线状开放的“坊巷制”，再到街巷空间的多层次化和人性化，其合理成分也并不因为时代的发展变化而不复存在，它仍然留给我们很多启示：穿行于巷道之中，一般不会觉得巷道太长，因为巷道形式常发生变化。另外，由于街巷随地形曲折，同时通过骑楼、拱门、门楣以及窗楣，改变建筑物的形体等用以加强空间围合感，改善空间感觉，使空间更加紧凑而又多变，增加了街巷空间变化的趣味性。在现代城镇规划或小区的景观设计中，这无疑是可借鉴的设计手法。如图 1–2 所示。

图 1–2　徐州街巷变化的趣味性

1.1.2　庭院

庭院由庭和院构成，从字形学角度分析，“庭”由“广”和“廷”组成。廷，朝廷，封建时代君主接受朝拜和处理政事的地方。《韩非子 · 孤愤》：“无能之士在廷”。院即为院落，是有围墙围合的封闭性空间。院，古代汉语通园，泛指种树或蔬菜的地方。所谓庭院，就是房屋围合而成的院落，形成一种室内室外共同使用的居住生活空间。因此，对于中国传统民居来说庭院是最小的活动单元，也是群体空间构成的最基本单元，庭院是中国传统民居的主要特征之一，也是中国传统民居的灵魂。在传统民居中，庭院是外界环境和室内环境间的融合与过渡的区域，是人们生活中不可或缺的一部分，很多生活上的活动，如晒谷、游戏、乘凉，是经常在这样一个露天却又围合良好的空间中进行的，它包含了诸多的与中国人的思想、追求相适应的因素。

1. 传统民居庭院空间的构成要素

1）建筑要素

殿、堂、楼、阁、轩、馆、门、房都是组成庭院的建筑要素。它们自身具有室内空间，同时也都具有明确的使用功能。在一个庭院之中处于主要地位的单体建筑，可以看做是庭院空间的主体建筑。主体建筑往往处于庭院空间的中轴线上，因此对庭院空间的规模、气度、功能性质等方面都能起决定性的制约作用。庭院中的厢、侧房在空间构成以及功能地位上则处于主体建筑的次要和补充地位。

2）围墙要素

围墙作为划分庭院内外的分界线，在庭院中起到围合界面、限定空间的作用。院墙内部为私密的空间，院墙外部为庭院以外的空间。院墙可以阻隔人流、限定视线。对于居住在院墙内部的人来说，院墙还有一定的安全防御功能，在抵御外界不良气候影响的同时，还具有一定的安全保卫作用。院墙在空间上人为地制造了一种私有的领域概念，恰好迎合了生存在封建私有制社会的人的心理需求。

3）连接和引导要素

廊子的作用最初是为方便雨雪天行走，在空间转换上连廊具有引导、指示的作用。廊子上有顶，两侧或一侧由栏杆、柱子围合，在有些庭院中间，廊下的柱与柱之间还可以供人坐下休息、停留。照壁、屏壁都可以作为庭院中的视觉引导因素。从心理学角度分析，人在前进中正面遇到墙壁或阻碍时，会不自觉地改变路线方向。照壁、屏壁作为隐性标志的指示界面，它所包含的信息一方面是装饰，另一方面是对人的引导、指示。

4）绿化要素

中国古代对园的处理追求诗化的意境。庭院中栽植树木、花卉，堆砌山石，在人工的基础上再造自然氛围。绿化因素在庭院中四时变化，丰富庭院的空间构成，突出庭院空间的时令格调，改善庭院的小气候和人的居住环境。因此，绿化在中国传统庭院中成为不可缺少的重要因素。

5）建筑小品要素

庭院中的小品，充当了庭院的设施、点缀物，如石桌、石凳、井台、

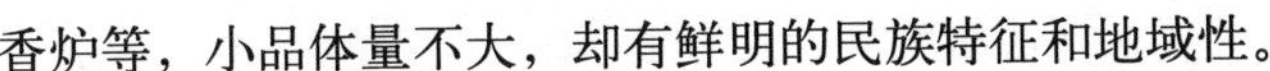

香炉等，小品体量不大，却有鲜明的民族特征和地域性。

2. 传统民居庭院形制与特征

庭院式民居最大的特点是除了有居住的建筑以外，尚有一个或几个家庭私用的院落，院落皆为内向院落，即由建筑物或院墙包围的院落，与西方住宅的开放式庭院不同。庭院类民居是一种室内、室外共同使用的居住生活空间民居形制，它正适合中国版图大部分地理气候条件，但由于北方至南方的气候差异很大，各地区传统生活习惯及风俗亦不相同，使这种民居在具体形制上又分为三种格式，即合院式、厅井式及融合式。

1）合院式民居形制特征

合院式的形制特征是组成方形或矩形院落的各幢房屋是分离的。住屋之间以走廊相连或者不相连属。各幢住屋皆有坚实的外墙装修。由于雨量少，故多为硬山山墙，室内空间与室外空间有严格的划分，各幢住屋门窗皆朝向内院，整幢住宅外部包以厚墙，包围的院落较大，有的尚有树木、绿化。根据围合住屋的多少可形成两合院、三合院、四合院及更多的组合院。这种住宅形式在夏季可以接纳凉爽的自然风，冬季可获得较充沛的日照，并避免西北向寒风的侵袭。合院式是中国北方，即东北、华北、西北的通用民居形式，其分布范围的南线可以淮河、秦岭为界范。合院式民居分布区域的冬夏气候差异明显，大部分地区冬季需采暖，风沙较大，夏季雨量较少。

属于合院式民居的形制中当以北京四合院为代表。此外，晋中民居、晋南民居、晋东南民居、关中民居、甘肃临夏回居、宁夏回居、吉林满居、

青海庄窠、云南摩梭人民居等皆为合院式。

2）厅井式民居形制特征

厅井式的形制特征是组成方形院落的各幢住房相互联属，屋面搭接，紧紧包围着中间的小院落。因院落小，与房屋檐高相对比，类似井口，故又称之为天井。天井内一般皆有地面铺装及排水渠道。每幢住屋皆有前廊或宽大的前檐，雨天可串通行走。同时，一部分住屋，主要是正厅部分及门厅，做成敞口厅或敞廊等半室外空间形式，与天井共同作为生活使用空间。厅井式住屋在湿热的夏季可以产生阴凉的对流风，改善小气候，同时有较多的室外、半室外空间，安排各项生活及生产活动。所以敞厅与天井是这类民居的共有特色，成为日常活动中心，而不受雨季的影响。在厅井式民居总面积中，天井面积仅占 1/12 ～ 1/4，说明天井最重要的作用是通风与采光，而不在于其活动面积的多寡。此式虽然室内采光条件稍差，但在多阴雨的地区，这个缺点并不显得突出。很多地区将住房建为两层，楼下作为厅堂，楼上作为居室，可获得干爽的居住条件。厅井式民居多流行于中国南部地区，广东、福建、浙江、江西、湖南、云贵、台湾等省区，此区内冬夏气温差异不明显，无采暖问题，而雨量充沛，属于湿热地区。

属于厅井式的民居形制有：皖南徽州民居、浙江东阳民居、江西抚河民居、湘西民居、福州民居、福建民居、广东潮汕民居、广州民居、云南一颗印民居、南疆“阿以旺”民居等。

3）融合式民居形制特征

位于中国长江流域的江、浙、皖、鄂、川诸省的气候介于南北之间，

冬夏有一定的差别，夏季炎热，冬季有时亦可达到零下的温度。其民居形制则融合了合院与厅井的各自特点，呈现过渡状态。天井不大，但也有一定规模，院落周围的房屋有的搭接在一起，也有的独立成幢。正厅可以做成敞厅形式或在厅前加设花罩，或者做成格扇门，夏日来临时可终日敞开，亦可卸掉，有的采取加深前廊的办法，形成厦廊，作为半室外空间使用，如白族民居。在某些人多地少的建筑密集区，为防止火灾的蔓延，其硬山墙多做成具有各式美丽墙顶的封火山墙。总之，这类民居布局呈现出灵活的状态。

属于融合式的民居形制有湖北民居、川中民居以及大理白族民居、丽江纳西族民居等。

3. 传统民居庭院形成的原因

1）历史原因

院落的起源主要是防卫的需要，从陕西半坡村遗址平面就可以看出这种围合的，对内开敞、对外封闭的情况。“上古之时，人民少而禽兽众，人民不胜禽兽虫蛇”（见《韩非子 · 五蠹》）。除此之外，自然灾害、部落战争等，都需要人们用各种手段保护自己，建筑便是其手段之一。

2）气候原因

中国传统院落空间的形成与气候条件是分不开的，这一点在民居中表现得最为突出。如北方的四合院，四周由房屋垣墙包绕，对外不开敞，面向内院。庭院面积较大，既能充分接纳日照又能抵御冬季严寒风沙的侵害，同时各房间均有较好的通风条件。而长江以南地区，气候温润无风沙之虞，夏季湿热多雨，通风遮阳成为庭院空间的首要考虑。故南方如苏州的住宅庭院，进深、面积很小，围合成为高深的天井，取得了较好的通风遮阳效果。

3）思想原因

（1）农业造就的“围合”心态。中国古代主要以农业生产为主，农业在人们的心态上打下了深深的烙印，其中之一就是“围合”的心态。农业文明与渔猎文明不同，它需要一个稳定、平和的环境，防止他人的侵袭和干扰，以保证生产的正常进行。这一心态体现在建筑上就是有房必有院，院院相套，外有城墙，城中套皇城，皇城又套宫城，宫城内又是数不清的院落——这体现了一种心态：只有围合才是安全的。

（2）儒家、道家思想的影响。在老庄看来，虚是一切真实的原因。儒家的思想虽然从实出发，但孔孟也并不停留于实，而是从实到虚，发展到神妙的意境：“充实而有光辉，之谓大，大而化之，之谓圣，圣而不可知之，之谓神。”这里的“圣而不可知之”就是虚。这种思想反映到建筑上就是对虚空的苦心经营。“天人合一”的宇宙观在建筑上体现在院落四周的建筑中，建筑的屋面向天空呈反弧形，四面则在空中形成环抱之势。

4. 传统民居庭院空间组合布局

1）中轴对称的布局

由于中国传统文化是主虚、主静的文化，强调严格的等级制度，强调整齐划一。注重自然、社会、人的同源同构互感，即“天人合一”的关系。这些特点反映在建筑上，就是强调整体性，强调中轴线，强调对称性。正如梁思成先生所说：“以多座建筑合组而成之宫殿、官署、庙宇，乃至于

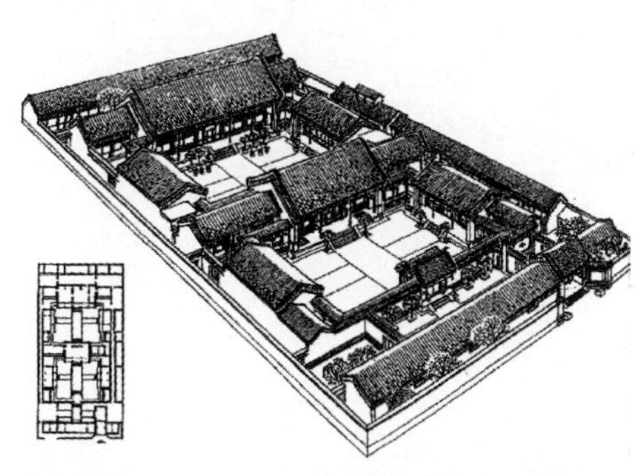

图 1–3　空间的中轴对称布局

住宅通常均取左右均齐之绝对整齐对称之布局。庭院四周，绕以建筑物，庭院数目不定。其所最注重者，乃主要中线之成立。一切组织均根据中线来发展，其部署秩序均为左右分立，适于礼仪之庄严场合；公者如朝会大典，私者如婚丧喜庆之属。"

在传统民居中由建筑围合的庭院空间也成对称式布局，体现儒家中庸思想的方法论，不偏不倚，以"中庸为常道"（图 1–3）。这里的对称构成通常包括两方面的对称，一是庭院空间在平面上的对称，二是庭院空间在围合要素上的对称。这种对称式布局是庭院空间进行组织联系的基础，因为只有左右对称，才能突出纵深中轴，并以中轴线为基准，形成纵向延伸的空间序列关系。传统民居庭院空间的对称式布局，使其展现出一种方正、规整、秩序井然的理性美，营造出端庄凝重、平和宁静的空间境界。只有受地形或风水意识的制约，才呈现某些不对称的变通手法。即使在这种情况下，民居内的主要庭院大多仍保持对称的形态，只是边角局部作适当的调整，从而形成局部的不对称。

2）封闭内向的布局

中国人一向具有执著的"中心"观念。古人曰："中也者，天下之大本也；和也者，天下之达道也。致中和，天地位焉，万物育焉"（《中庸》）。这种解说足以道出"尚中"的目的。在《周易》中，非常强调"中"。中国人对大地平面的理解是八个方位加一个中心。"中"是主要的方位，是人所处的最佳方位。

正是中国古人的"内向"思维方式，导致了传统民居庭院空间的内向封闭性。在文化观念上住宅环境是血亲家族团聚与向心的生理、心理之需要与象征。而对外封闭、对内开敞的庭院空间模式正是这一文化观念的最佳体现。同时，传统民居庭院空间是由若干建筑单体与墙、廊等实体边界构成要素围合而成的，更深一步加强了空间的封闭内向性。庭院空间的这种特性满足了人们对于私密性、领域感的需求。

从建筑平面上看，一般传统庭院空间平面形式多为长方形。这是因为长方形的布局模式能使各边的建筑均处于明确的方位上，满足了方位等级的要求。比如，建筑在庭院不同方位上表达的含义为：北屋为尊，两厢次之，倒座为宾，而且这种含义往往在等级越高、族规礼教越严的府第表达得越清晰。另外，长方形还具有一种天然的内向围合属性，使得中心位置一目了然。这样的平面不仅具有天然的等级意义，同时也极易形成中轴对称的格局，这种格局同样具有完整、庄严而又主次分明的特点。

3）纵向延伸的序列组合布局

中国传统观念历来重视主次、尊卑，而且一般院落又均为南北向布置，横向联系不能体现北屋的尊贵地位。所以传统民居庭院空间多采用纵向延伸的序列组织形式，这种轴线设计使传统民居庭院空间的组合达到了完整统一的目的，同时主从关系明确，并形成有规律的领域层次感。

在纵轴线层级结构上，一个院子就是一个层次，一个层次就有一种空间性质，一种空间性质就具备一类空间形态。一些山地四合院的这个特征在竖向空间变化上更为丰富生动。两相比较，还是更强调“纵深意识”，体现含蓄内向、深藏不露的文化气质和民族性格。每个层次主题不同，作用不同。

各个庭院之间也体现了主从明确的关系，在整个庭院空间组群中必有一个宽大敞亮、气势庄严的中心院落，纵横轴线各路的子系统中也有自己的主院落，分别形成不同层级结构的主从关系。主院落有很强的综合功能，是家庭公共社交场所的重要活动空间。组群建筑强调个体彼此间相互的组合关系，庭院中的民居建筑也依循一定的轴线路径，从外到内作层次性的组构与联系。起联系组构作用的门屋、廊道和庭院在界定相对内外的层次中，表现出包容内外的模糊空间特质。

5. 传统民居庭院空间的功能

庭院空间是整个民居空间的一个有机组成部分，是民居建筑室内空间的延伸和扩展，并谐调和补充了建筑民居室内空间。其最主要的是从功能、形态和美学等层面上丰富了传统民居的空间特色。传统民居庭院空间有时会改变空间类型内部的一些组成空间的功能或性质，有时也会在不改变性质的情况下增加或减少某些空间要素，以适应使用者不同的生活需求。

1）场所功能

《周易·系辞下传》中对宫室的定义是："上古穴居而野处，后世圣人移之以宫室，上栋下宇，以待风雨"。宫室作为上待风雨、下避润湿、边御风寒的人的栖息的外壳，是人与自然的简单中介。其追求的是如何能够良好地保护居住者，同时又能顺从自然，利用环境因素，达成居住的最佳状态。

庭院空间在体量和尺度上的灵活变化使其用途多种多样，成为十分可贵的、用途多样化的生活场所。庭院空间是一个外边封闭而中心开敞的较为私密的空间，其价值和作用超过了任何的单座建筑，它作为室内空间不足的补充，相当于中央的露天大厅功能。人们可以在此举行庆典、祭祀活动，或在院子里进行散步、玩耍等运动；其又是交往和团聚的休息游憩空间，供家人、亲朋好友围坐谈心、咏诗作画；同时，其还承载着人们吃饭、洗衣、聊天、下棋等日常性和休闲性活动。在有限的庭院空间中让人感受到大自然的勃勃生机，是庭院在生活场所上的潜在价值。

2）生态功能

相对于外部环境来说，一组庭院也是一个相对独立的生态环境体系。人们居其内，要代以为继，必须有良好的生态条件。院落式民居就是一个自成体系的“小天地”。住居既然是“阴阳之枢纽”，其自然属性必为生态环境良好的“吉地”，方为人之所居，因这里是天地阴阳交合之灵气聚合汇集之处。这是中国“天人合一”的住居观，而院落恰是首选的最佳形式。从建筑风水观点论，一组四合院平面总体布局同风水模式如出一辙，前低后高，中轴对称，左青龙、右白虎，前列照壁池堰。这在本质上反映出人们意欲创造一个仿生的“人为自然”，亦如造园“虽由人作，宛自天开”，使四合院住居既是一个小社会，又是一个小自然。

院落生态环境系统使四合院内形成一个相对稳定的小气候区。院落纳凉是十分充裕的，方便生活也利于绿化，亦为健康之日照所需。大小院落与纵横廊道交通构成良好的空气循环系统。绿化改善生态环境质量。明暗沟排水系统，水井水池之设，调节湿度又利于防火。生态必需的阳光、空气、绿化和水等诸要素都有相应措施予以调节自控。

3）景观功能

园林绿化使民居庭院空间变得活泼，是庭院与自然要素结合较为密切的一种方式，是庭院具有很强生命力的直接体现。庭院中种植树木，布置景观小品，构成人工建筑和自然要素的合成体。这些绿化、山石、水体不仅在生理上起着洁净空气、遮挡烈日、调节温度等小气候、提供良好养生环境的作用，而且在心理上、审美上起到增添自然情趣、蕴涵诗情画意、提供令人赏心悦目的游赏环境的作用。

庭院中园林树木草花的栽植，不仅是为了绿化，而且还追求诗情画意。中国古典园林妙在含蓄，一山一石，一草一木，耐人寻味。园林中的山水花木，建筑、盆景，都给人以美的享受。造园者把自己的情趣意向倾注在造园过程中，运用不同材料、颜色、质感、形象，遵循统一和谐、连续、对比、平衡、韵律变化等美学规律，将自然界的四季、昼夜、光影与草木的枯荣、花果的长落、虫鸟的活动等组成一幅幅声色形的画卷，吸引人们用自己的触觉、听觉、视觉、嗅觉等去感受自然的种种美景，唤起人们的共鸣、联想与感动，这就产生了意境。

园林中的物体除了一般物质如建筑和山石水体之外，主要以花草树木等绿色生命及鸟类虫兽为主，即使得整个庭院艺术充满了盎然生机，随着季节的变化，这些自然生物也表现出生长、变化、成熟、衰老等过程。

6. 徐州传统民居庭院的空间布局

1）独院式布局

独院式徐州民居一般规模不大，适合人口较少的家庭居住，是平民百姓的主要居住形式。整个住宅有一个院落，由正房、东西厢房和“倒座房”围合而成，大门开在院落南部，院落的构成简单明了。

2）组合式的庭院

包括两种形式，其一为纵向前后两院，与北京四合院相似，在基本的四合院中，以东西厢房南山墙为界，建一堵墙，在墙的中央开门，并将“倒座房”分隔到外院，从而形成了两进四合院落；另一种形式是东西横向并排的两个院落，基本与上述独院式相同，在东厢房与“倒座房”相连接的东墙上开侧门与东院落相连接，东院的功能与西院不同，主要是辅助用房和杂务院。

3）“多进”和“多跨”的院落群

上述两种院落形式适合于人口不多的一家人居住，规模较小，而对于“累世同居”的家庭（即繁衍数代，人口繁多，但仍居住在一起，共财共食，形成一个特大的家庭）来说，仅仅南北一跨院落已不能满足他们的居住要求了，因此，横向发展的多跨度四合院能很好地满足居住要求，每个房主（小家庭）居住一跨，此种居住形式既能满足各个家庭内部生活的私密要求，又能使家族间相邻而居，联系方便，既分隔又相联系。这种体制在纵横两个方向上都扩大了许多，从而形成了连片村落或大型院落。民居院落形式具体如下：南北方向上由三到四个单元庭院纵向组合而成，这种成组的纵向庭院再沿东西方向平行布局形成不等的几个跨院，其数量视家庭组成、财力等因素而异。每个单元庭院的基本形式如独院式，只是把独院式中正房（堂）的中间开间做成了厅房，由它来联系前后院。此种布置

图 1–4　徐州院落庭院空间

形式一般遵循“前堂后寝，内外有别”的传统，前面会客、办公，后面就寝、生活，一家人在其中生活很方便惬意，体现了中国传统文化及习俗理念。如图 1–4、图 1–5 所示。

1.1.3　房屋

房屋是民居建筑的主要组成部分，属于建筑实体部分。按照功能可以分为门楼、正屋、厢房、耳房等。

1. 门楼

对于中国传统建筑，人们首先感受到的是其大门入口，所以在聚落环境中，大门是一座民居建筑个性表现最重要的环节，大门的规格、形式、色彩、装饰可具体反映出户主的社会地位、经济地位，是“门第”高低的

图 1–5　徐州典型的庭院空间

标志。因此，门除了具有供出入的物质功能外，同时还具有标志与象征作用，在封建的古代社会后者往往更明显和重要。大门又是建筑最主要的部分，所以门的形象就必然要担负起多方面的作用，这样单靠门本身的表现力就不够了，就要对门进行包装，这种包装具体表现在门楼和影壁上。

传统门楼伴随着中华民族的产生而产生，历史悠久，为了显示地位和等级，先民创造了多种类型的门楼，大的分类有屋宇式和墙垣式。徐州地区屋宇式门楼为蛮子门和如意门。这些门楼零配件相当复杂，主要有门楼、门洞、大门（门扇）、门框、腰枋、余塞板、走马板等组成部分。徐州地区受到南北文化的影响，其门楼也表现出了“淮风吴韵”，主要表现在徐州民居门楼走马板狭长，衬托出门扉的高峻，表现为淮风；余塞板略窄于门扉，折射出门扉的秀丽，表现为吴韵。另外，在徐州地区，小户人家以及大户人家的二门广泛使用墙垣式门楼，这种门楼主要有垂花门、砖细门楼、月亮门等。它们各具特色，或清新秀丽或古香古色，给小院增添了一抹独特的风景（图 1–6）。

1）简约而中庸和谐的宅门楼

宅门楼即是屋宇式大门，本身是一座建筑，可以是单间，也可以是三间或五间，进深一般为五架，这样的门屋的前后檐皆有一定的空间，前面可停留、避雨，后面可以供仆役进行值勤等活动。这种门式多与庭院的倒座房屋联建，形成临街巷的立面构图。徐州传统民居这种宅门楼主要分为三种：

一是单独建造的类似北京四合院的如意门（图 1–7），明显的三段式，门头装饰较多。这种门楼墀头突出，门楼屋脊和后座屋脊断开，单独处理，

图 1–6　以淮为底以吴为表的垂花门楼

图 1–7　简约而中庸和谐的宅门楼

或者将门楼檐口高于倒座，而屋脊和倒座平齐。装饰上则充分体现“和顺”的中庸一面。墀头的最上面使用三层或五层盘头。在盘头的做法上充分反映徐州民居南北融合的特点，最下层混砖比南方的托混厚，其上为南方的仰混，如为五层盘头，则仰混太多，为避免重复第三层用北方炉口代替，但炉口下面做曲面，最上为靴头砖，南北方做法在苏北地区门楼的盘头上做到了天衣无缝的融合。盘头之下为兜肚，多带有深浮雕，浮雕构图端庄，内容为先民祈求吉祥的图案，如代表长寿的鹤、鹿、松，代表子孙兴旺的葡萄、石榴等。兜肚之下为上身，使用青砖砌筑，做工精细，多为磨砖对缝，采用“狗子咬”摆砌方式，也有采用“马莲对”摆砌方式的。少数门楼有下碱，下碱的三面贴烧制大砖，大砖上饰以浅浮雕。门扇多为木质，其表面装饰处理方式有三种：第一种门扇外封铁皮，铁皮上钉门钉；第二种如果门扇没有外包材料也没有雕刻时，则在两扇门上书写对联；第三种门扇刷漆，多刷黑漆，饰红色边框。

二是类似苏南地区的将军门，这种门式多和倒座相连，大门装修设在中间，划分为上中下槛及门框、抱柱、余塞板等，中间安板门两扇，有门簪，门扇两侧有大抱鼓石，多用于大户人家或富裕人家（图 1–8）。

三是墙门。墙门主要用于临街建筑，一般为单开间，在檐桁下装饰四扇或六扇板门，门两侧做出腿子墙或墀头，其形式多样。墙门亦可以做两层，下面为墙门，中间设月梁，上托栏板支窗。

2）华丽而张扬的墙垣门楼

墙垣式门从院子外面看为墙，墙上掏门洞，从院子内看则为半个门楼，

图 1-8　威严高耸的宅门楼

或者更简单一些由撑栱支撑着檐桁，门楼也就一界进深。撑栱由两根枋平行设置，其上雕刻有精美的卷草纹草。墙垣式门多为砖细门楼，进入大门之后是一个小天井，檐口造型复杂，从上至下分为猫儿头（花边、沟头瓦、滴水瓦）望砖、仿木椽子、靴头砖、仰混、托混、仿木斗栱、兜肚。全部为清水砖作，甚是工整。门洞为方形，其上为和墙同宽的木板，承载门洞上的荷载。门框为立口。门洞上角为装饰物或为木质云头，或为砖雕雕刻的凤凰牡丹等吉祥如意的图案（图 1–9）。

3）以淮为底以吴为表的垂花门楼

二门还有一种类似于北方垂花门的。只是两侧都有墙体，中柱镶砌在墙中，前后出挑一界，梁端做悬鱼。两条鲜活的鲤鱼倒挂于短柱之下，活灵活现。门罩上雕刻忍冬卷草纹。门扇上的装饰显示了主人的品位，表现出宅主的财力、家世的繁衍、文化素养的高低，甚至还能看出宅主的爱好和性格。门前抱鼓石和门槛显示了主人的地位。门前的精美抱鼓石、高高

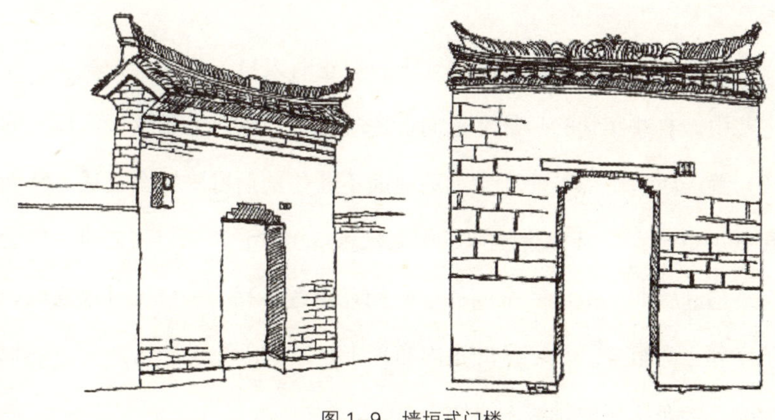

图 1–9　墙垣式门楼

的门槛和雕刻精美的罩也显示了徐州文化的张力。

2. 正屋

正屋是整个院子的核心，正屋室内多按“一明两暗”布局，所谓“明”即公共空间，所谓“暗”即私密空间。正屋中间的“明”空间，是进行年节祭祀祖先、丧嫁举行典礼的场所，空间用途比较单纯，功用如同神堂，与起居室有很大区别。在正屋“明”空间进行的活动象征着家庭向心的内聚力，每个家庭成员对家庭的认同在这个空间中得到具体的物化体现。有的四合院内外院之间用过厅连接，此时过厅除了交通功能外，还作为接客待友、读书写字等日常活动的空间。正屋的主要功能空间有厅堂和正房两种。

1）厅堂

厅堂是中国人日常和社会生活中最为重要的建筑空间，一般是位于民居平面的中轴线上，是整个群组建筑的核心。正屋一般以厅堂为中心，坐北朝南组织内外空间，厢房配置在东西侧、倒座居南向北，形成一围合式住宅。

在徐州地区，厅堂在平面位置上一般正对入口，位置十分重要。在多进宅院中，有些厅堂的后部完全向后庭院敞开，仅以太师壁（屏风式的木隔断）置于厅堂中部，使厅堂前后隔而不断，前后庭院完全贯通，从而使厅堂更加空透开敞（如徐州户部山余家大院）。厅堂与庭院之间一般设有柱廊，与庭院共同组成一个内外空间相互渗透、互为一体的过渡空间，构成了序列空间组合。在厅堂的室内布置上一般是沿北横墙为条几、八仙桌、太师椅，均布置在中轴线上（图 1–10）。

图1–10　徐州民居厅堂空间

2）正房

正房一般位于堂屋两侧，和堂屋一起形成传统民居中的主体建筑——正屋。家庭的主要成员一般也都居住在堂屋两侧的正房里，其室内布置一般为南桌北床，箱子、衣柜放在两侧。徐州地区有些正房还设有阁楼，因为厅堂一般为一层，作为会客、议事之用，所以房间要求高大宽敞，而正房只是作为家庭成员的休息之用，对层高要求不大，一般为三米左右，人字形坡屋顶的上部空间较大，可以利用厅堂与正房的层高差在正房上做二层。这种做法可以很好地利用空间，也不会让人感觉正房空间过于瘦高。

3．厢房

在徐州传统民居中，厢房位于正房两侧，与正房一起围出院子。厢房

一般为三开间，进深、开间及高度小于正房，处处显出其次要地位，一般供晚辈居住。东厢房夏日下午太阳西晒过甚，居住其中很不舒适。两侧厢房和厅堂两侧正房相连，成为正房的一部分，与厅堂围合成一个小四合院。

1.2 徐州民居建筑空间布局

传统民居的布局受到很多因素的影响。首先是地理环境的影响：人们对自然环境持一种尊重的态度，自古有“天人合一”的思想，人们希望将民居融入自然之中，使居住生活从自然中获得更多的补益。徐州位于黄河、长江的中间地带，古运河贯穿其中，小河道更是不计其数了，所以徐州传统民居在总体布局上顺应自然，民宅沿着河流的方向铺展开，内部通过街巷、水道相连，如徐州古镇土山等（图 1-11)。其次是人文环境的影响：一方面服从封建等级观念等统治需要，民居建筑围绕寺庙、祠堂、戏台、作坊等有序排列，注意分清主次，即民居是背景建筑，处于配角地位，而庙宇、祠堂、戏台、会所是主要建筑，两者在体量、高度、装饰等方面皆有明显的差别，还要注意空间的开合。另一方面受风水风俗观念的影响，这正是民居建筑地域性差异的根本所在。虽然民间关于禁忌和厌胜的传说，形象生动、活灵活现，是一种精神上的威胁力量，但对于民居的空间构成也有很大的影响。

1.2.1 徐州传统民居空间布局特点

因为中国民居长期以木构架营造房屋为主流，平房居多，层高一致，

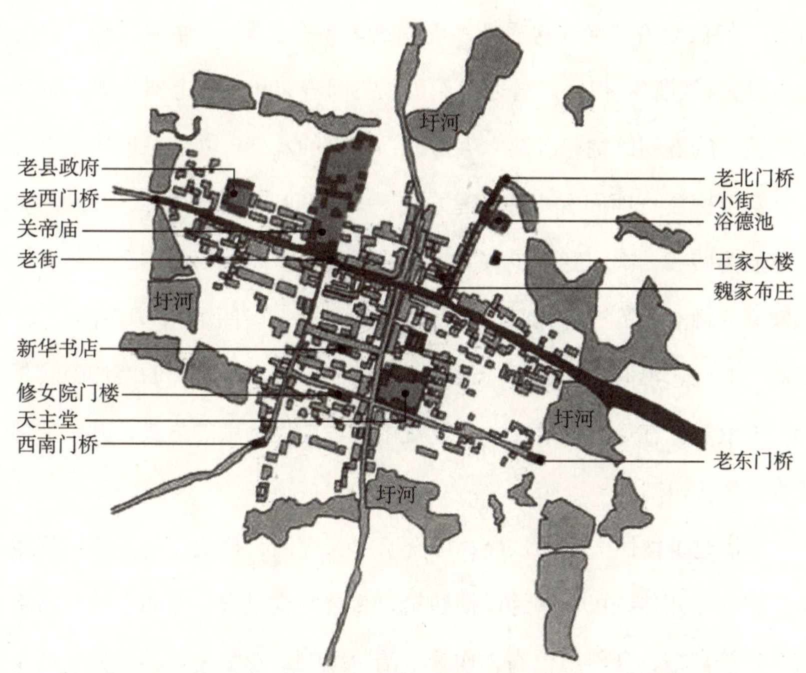

图 1-11　徐州土山古镇整体布局

其空间构成往往表现为横向展开的平面布局。徐州传统民居也是以间架为基本单位进行规模计量的，联合数间共用一个屋顶，组成一栋房子，形成一个单体，进而数栋单体建筑组合成为院落式群体建筑。

徐州现存古民居大多为明构和清构及更晚一些的遗存，其单体规模一般均为三间五架和三间七架。之所以如此，主要是受到明代森严的礼制限制。明洪武二十六年定制，“庶民庐舍”，“不过三间五架，不许用斗栱，饰彩色”（《明史 · 舆服志》）。洪武三十五年规定，“庶民所居房舍、从屋虽十所二十所，随所宜盖，但不得过三间”（《明会典 · 礼部十六》）。至正统十二年放宽为“庶民房屋架多而间少者不在禁限。”明清以降，虽然禁令日驰，风气渐侈，但民间普通房屋仍以三间五架和三间七架为主。偶见“明三暗五”的五间民宅，以及六架房屋、用轩的八架、九架（取决于轩廊的实际草架檩数）。明间有两种处理方式，一种明间凹进，形成廊，门两侧为窗，窗下墙为砖墙。次间廊下少有向外开的门，仅室内和明间相通，更多地强调家庭的融洽。第二种无凹进，明间和次间在一个平面上，只有门稍凹进，明间只有门，没有窗，明间门很小，两扇门仅一米多，门的两侧隐隐带石库门的痕迹。在厅堂或过厅单体建筑中有设前后檐廊的方式，其构架随之改变（图 1–12）。

单体建筑按照一定的秩序，围合着露天空间，形成了院落式的群体空间。现存徐州传统民居多为明清建筑，多为官宦之家、富商之家、富裕之家，经济富裕，身份地位高。作为统治阶级的封建家庭，其物质生活及精神生活皆不同于一般劳动家庭。他们的生活内容极大地丰富了，衣食住行也都提高了标准，一般脱离了农业生产，有仆役轿夫可供役使，多有广泛的社会交往，有诗书丝竹的文化生活，同时又有一套封建礼制的规训，如长幼有序、内外有别、主仆有规等，这些不能不影响到居住建筑。正厅要分内外，甚至尚须有停轿的轿厅；卧

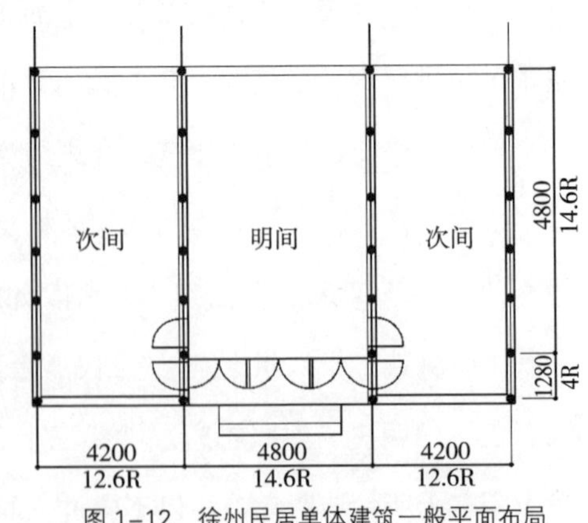

图 1–12　徐州民居单体建筑一般平面布局

室不但多，还要有档次，以便安排不同辈分的家庭成员；还要有管家用房、账房、仆役房及客人卧房；厨房也要分出内外，主仆分用；文化人家尚有书房、花厅，这些要求皆能在院落式民居中完善解决。根据家庭背景，院落可以由两合院或两向合院发展到四合院，也可由一进四合院发展到多进四合院，也可以两座四合院并列，其布局有较大的变通性。

徐州传统民居院落是以院中正房的朝向为主要标志的，大部分选用南向为主要朝向，因此大门一般设在南面。布置方式有两种：一种设在东南侧，进入门屋并不正对厅堂主轴线，须通过影壁、屏门的引导，曲折转入主庭院（图1–13）；另一种设在南面正中，与厅堂轴线一致，为避免一览无余，直窥内院，在门屋、厅堂的后檐皆有平面阻隔，或设内院二门。其空间组成及房间安排的总体原则是以正厅、正房为中，向前后或左右推导式安排各项房间；以房间大小、高矮、朝向（南向为上，北向为下，东向为长，西向为次）确定其主次价值；以廊、墙、门屏划分空间的内外关系。这样就可以在极为规整的平面布局中增加变化因素，以适应大家庭的需要。

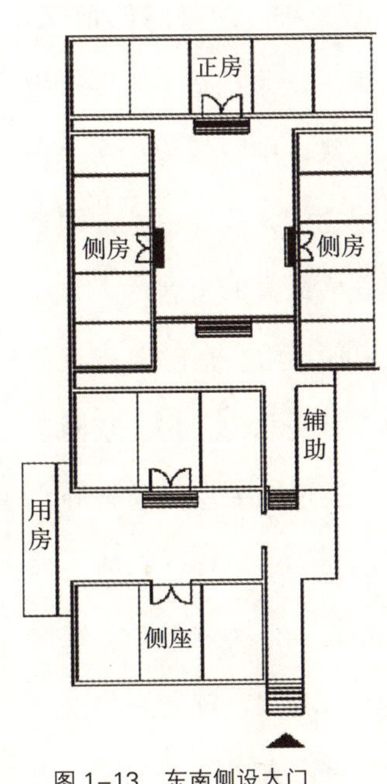

图1–13　东南侧设大门

按照院落的形式，可以将徐州地区传统民居院落概括为合院式。主要特点是周围建筑不相联属，屋顶剖面排水随意，既可排向

院内，也可以排向院外。如徐州户部山余家大院，其院落基础建在户部山首院户部衙署分司旧址之上。余家先人自清雍正时来徐经商，曾在城北择房定居。乾隆中叶余家经营有方，家道中兴，成为当时豪富，便在户部山这黄金地段购得日趋颓败的“尚半山”的宅产，后经几代人的努力形成了规模宏大的深宅大院。余家大院有左（东）、中、右（西）三路院落，近十个小四合院，百余间房屋，整个余家大院以中路院为轴心，左、右平铺展开，每一路院落都以三进为进深，在平面布局上可谓“九宫”格，极具传统风格（图 1–14）。院落面南坐北，高门深槛，拾级而上，气势夺人。入门进入中路院大过底，过底间高 5m 有余，雕栏绘柱，为徐州古民居较为气派的一种。中路院的前院，西为偏房，东为私塾，北再拾级而入二过底。中院西为花房，东为入东院之门，北为中堂，即整个院落规格最高的会客厅，客厅后有门可通后院。后院以一垂花门隔断，后院北为正房，东西各为偏房，通过东偏房门前幽静小路可通主人的小书楼。东路院前院依地势高差分为两部分，较低的南坡为一戏园，较高的北段为大花园，余家人俗称东花园。西

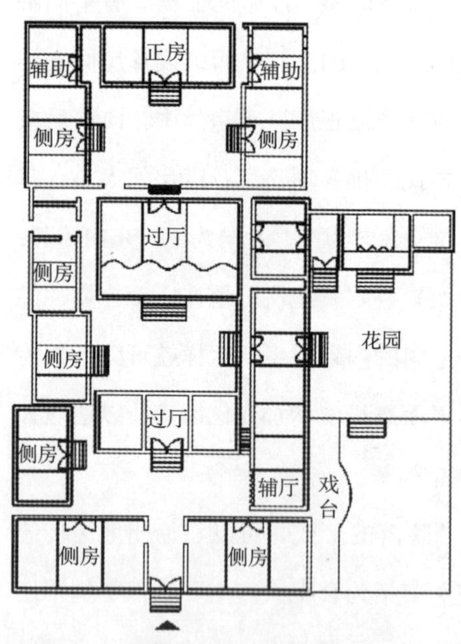

图 1–14　徐州户部山余家大院平面布置图

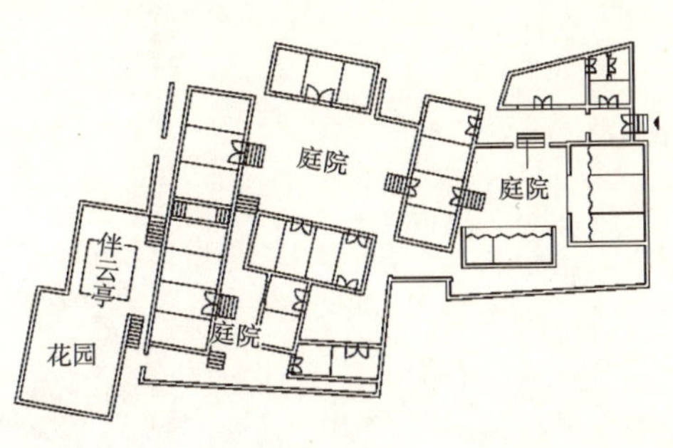

图 1–15　徐州户部山翟家大院空间布局

路院由南而北有另门出入，结构布局基本上与中路院相似，但是由于地势和地位的不同，西路院较小，位差也较中路院为低。西路院和东路院以一狭长的小道及过底相连，布置有茶房、仓库、磨房、杂房等。余家院三处院落相通，在徐州户部山属规模较大的。

由于民居在城镇街巷中的位置不同，不一定皆能形成规整的院落平面布局，故须对布局稍作调整，以保证民居南向布局原则，同时兼顾住宅私密性的要求。如徐州户部山翟家大院，其位于余家大院北，郑家大院南，夹在中间，地势狭长，地形不甚规范（图 1–15）。翟家大院主门面东，仰拾高高的石台阶上行，进入门楼和过道。出过道为第一进院落是为前院，北为堂屋，与郑家大院相背，南有一门进入偏院，西拾级而上穿排房而到又一过底，南折头进入中院。这也是一个标准的四合院，正屋为西屋居最高处，仰首俯视，气度非凡。厢房堂屋为楼房，上下各三间，顶层有斗栱花窗显示建筑的精致。东屋与前偏院之西屋根据地形建为鸳鸯楼。三间南屋偏东有配房过道，穿过道而入第三进院。三进院西屋与二进院南屋相连处可入第四进院落。从第四进院落再往高处攀登，便是翟家后花园，园中西北最高处建一亭，是为“伴云亭”。

另外，由于地皮因地势所限只有两开间的面积，这样顺其自然就有了诸多的两开间房屋，还出现了徐州特有的形制“鸳鸯楼”。“鸳鸯楼”是徐州户部山民居群所特有的形制。户部山古民居群是在明清商业贸易发展和运河漕运的双重影响下形成的，商贸与居住互为一体是其最大的特征。由于躲避洪水灾害，而选择此山地造房。户部山为寸土寸金之地，建房者多能因地制宜、灵活多变地设计房屋，呈现出建筑形制丰富多彩、院落高低错落有致、平面灵活多变的民居格局。在这种自然的条件和社会文化生活的双重作用下形成了“鸳鸯楼”这种特殊的形制。这种楼上下叠压，内无楼梯，楼上楼下朝向相反，即为鸳鸯楼（图 1−16）。这种形制一方面尊重了环境，注意对原有地形的运用，利用山坡高差，采用阶梯式竖向布置，使各房屋南北相互借依，融入自然；另一方面又节约了人力、物力、财力，与现代社会市场观念达到一致，值得借鉴。现存两处鸳鸯楼，分别是崔家大院的五开间的鸳鸯楼，翟家大院的鸳鸯楼（图 1−17）。另外，为了利用

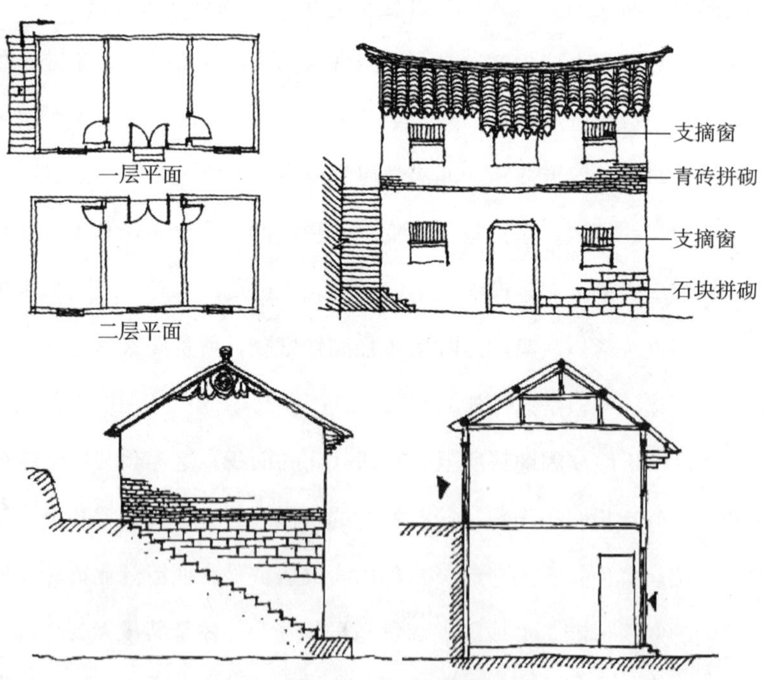

图 1–16　“鸳鸯楼”平立面布局

图 1–17 翟家大院和崔家大院“鸳鸯楼”

地皮，还出现了一些反传统的建筑，如这儿有一些两开间的房屋，因为有些地皮只够建两开间的房屋。户部山民居的平面布局极富个性和特色，院落错综复杂，没有一处相同的院落。

总之，徐州地区传统民居平面布置上受到南北不同风格的影响，以庭院式为主，作中轴对称均齐布置，但因受地域限制，多有变化并形成了自己独特的风格。主要表现在院落由前后正房和两厢围墙相围合而成，外“实”内“虚”，组合依据“门堂制度”，在轴线主导下次第排列穿堂、厅堂和正房，并且高度上一进比一进高，用材上一进比一进粗大，装饰上一进比一进精美，处处体现儒家“国有君，家有主”的“三纲五常”礼制，形成了严格的等级关系；院落的进深与面宽比一般在 1∶5 ～ 1∶3 之间。无论院落怎么组合，其整体特征是院落的空间感觉开敞，院落宽度远远大于进深。徐州传统民居一方面维系传统，另一方面也有突破，如有些地皮因地势所限只有两开间的面积，这样顺其自然就有了诸多的两开间房屋，还出现了苏北特有的形制“鸳鸯楼”，平面布局极富个性和特色，表现出了灵活多

变的空间构成特色。随着经济的发展，徐州地区民居还出现“前店后坊”、“下店后坊”的布局方式。

1.2.2 徐州传统民居空间分隔与利用

徐州传统民居以木构架为承重骨架，墙体及装修仅起分隔围护作用，具有相当大的灵活性，利用分隔体可以创造不同功能的室内空间形式，同时外部空间亦可利用墙、门、屏、壁、廊分隔出不同的形式，划界出不同的功能空间，分隔体的丰富多样性，充分表现徐州传统民居空间的灵活丰富多样性。中国传统建筑将木质的门、窗、牖、帘架、隔断、花罩、天花、吊顶等，统称为“装修”。装修依其所处位置不同，又分为外檐装修和内檐装修。位于室外或用来分隔室内外空间的装修称为外檐装修，用于室内的装修成为内檐装修。徐州传统民居的外檐装修主要有墙体、大门、外檐格扇、槛窗、支摘窗、支窗、夹门窗、门连窗、杂式门窗、如意门、屏门、棱角门、什锦窗、吊挂楣子、坐凳楣子、坐凳靠背、雀替以及用于外檐的木栏杆、木挂檐等。内檐装修主要指位于室内的一些隔断和陈设物、装饰物等。隔断主要起着分隔室内空间的作用，但同时大部分室内隔断又是通透的形式，所以往往是让室内空间隔而不断。隔断大都有精巧的装饰，所以也和室内陈设物、装饰物一样，对室内有一定的装饰、美化作用。

1. 墙体与外檐装修

墙体和外檐装修属于建筑的实体部分，是划分室内室外的分隔墙。墙体一般多用于山墙、院墙、槛墙、照壁和后檐墙，苏北地区多用砖石墙、空斗砖墙，具体做法将在结构一章中简述。外檐装修主要表现在前檐木装修上，具体落实在多种形式的门窗上。通过这些分隔墙的塑造，包括虚实、曲直、造型、色彩、光影、肌理等影响建筑空间是否美观、亲切、庄重、活泼。因此墙作为建筑的壳体，必是传统民间建筑营建的主体、表现的主题、装饰的重点。徐州传统民居将墙的营造意匠、实用功能和审美需要结合起来营造了优美的建筑空间，使其在低层群落布局中取得了丰富而有意趣的建筑艺术成就。

徐州地区现在可以考察到的传统建筑基本都是明清以后的建筑，是在中国古代建筑体系发展完善后遗留下来的，大多数为官宦世家和富豪土著所建，因此能够看到比较完整的建造体系。墙体构成反映了其结构与技术形式，以及当地的文化宗教习俗，是建造体系的外在表现。首先，墙在建筑实体中是构成房屋形态的基本因素，是组织建筑室内外环境空间的重要手段。其次，在文化上，墙是人类身心的自我保护，是人类占有、梳理自然空间的手段，是一种独特的建筑审美文化。

首先，民居的墙体必须服从封建社会礼制、教化的需求，“宫墙之离足以别男女之礼”。各种各样的墙营造了居住的“范围”，制约着、规范着人们的行为，以体现理学的严肃性。墙的形式、高低、色彩也取决于住宅主人的地位，必须严格遵守等级制度，不能越级建造，以体现一种政治伦理观念。徐州传统民居各院落甚至单体的布置深受这一“需求”的影响，深受这一“伦理功能”的制约。虽然房屋各有大小，各有差异，其整体格局却是传统的四合院或三合院，成“中轴”对称布置，皆以前堂后寝式来经营，以青砖黛瓦为特色，充分体现这种理学伦理观念。

其次，墙“第一次从异己的神秘莫测的自然空间中划分一个人为的空间，属于人的空间，确立人在自然界的一种空间秩序，以满足生存的需求以及由此而来的心理上的安全感”。墙壁的围合，形成了村寨，形成了部落、家族、家庭，是中国民族文化趋于封闭、向心、内敛、含蓄的文化心理的表现。徐州的人们也很热衷于院墙与建筑内外墙之类的建造，利用围墙、山墙、院墙、隔墙分隔，排列组成巷道、胡同，这些墙体在建筑群落中千变万化，又各有异趣。他们充分运用“灰”域的理念，整个建筑围绕庭院或天井有序铺开，房舍的外墙连构为院墙，内部没有直接对外的门窗，所有的门窗都对着中庭。这样做，除满足防御的基本需求外，也是封闭、内敛的社会文化的象征，是强烈的居中、崇中观念的文化心理的体现。

最后，墙的装饰是审美情感的表达。李渔云：“书房之壁，最宜潇洒。欲其潇洒，切忌油漆，油漆二物，俗物也。”“厅壁不宜太素，亦忌太华。名人尺幅，自不可少。但须浓淡得宜，错综有致。”由此可见，中国传统民居历来有用墙体来表达审美情感的传统，古代文人墨客对居室之墙饰也提出了要求，表现出了文人性格。徐州传统民居的墙体比较朴素，很少有绚烂的装饰，多以灰色青砖墙为主，为布衣之本色。“子曰：‘质胜文则野，文胜质则史。’文质彬彬，然后君子。”这就是说，“君子”的内在道德（质）与外在风度、举止、文饰（文）应当统一，于是在墙体的装饰中也透露出古代“文”与“质”的哲学观念。在苏北传统民居墙体装饰的题材中，处处可以看到人们利用象征、谐音、假借等形声手法，以及利用直观的形象表达非本身意义内容来企盼吉庆祥瑞。总之，徐州传统民居墙体的营建，不只是材料的垒砌，不只是用以“避风雨”，只有对一定建筑的“质”加以文饰，才能创造出符合人们审美思想的建筑美。

传统民间建筑中，常常把“墙”作为空间环境、一种审美景观因素对待，因而在组织室内外环境，塑造空间特性方面留下了一些精彩实例。纵观整个中国传统民间建筑，墙“以不同的长短、高低、曲直、转折、虚实、断续等形态组合及简繁、素丽、精粗、雅俗等壁饰变化，通过围合、分隔、屏蔽、穿透、延伸、界栏、借托、映衬等展现方式，营造出千姿百态、景象纷呈的室内外空间环境，并取得实用效应和审美效应”。苏北传统民居亦是如此，常利用墙的变化，取得环境空间效应，如漏窗花墙、蜿蜒云墙、洞窗景墙、框景门墙、可变窗墙等都各具异趣。墙体构成形态和名称千差万别，但是根据墙体变化性，可将徐州传统民居的墙体分为活动墙体和静止墙体两种类型。

（1）静止墙体。静止墙体顾名思义，就是不能移动的墙或隔断。根据墙体平面布局，可以分为檐墙、山墙、槛墙、隔断墙、院墙、照壁等。

檐墙是处于檐檩下的围护墙，有前檐墙和后檐墙。徐州传统民居中一般很少使用前檐墙，而是运用形式多样的花格窗或格扇代替，主要采用的排列形式有四种：一是明间设三关六扇门，可全部打开，以利通风；二是明间设两关三扇门，辅以两扇支摘窗；三是明间设双开板门，辅以两扇槛窗；四是明间次间均是格扇门，明间可打开，次间固定（图1-18）。后檐墙很少开窗，平整而有序。

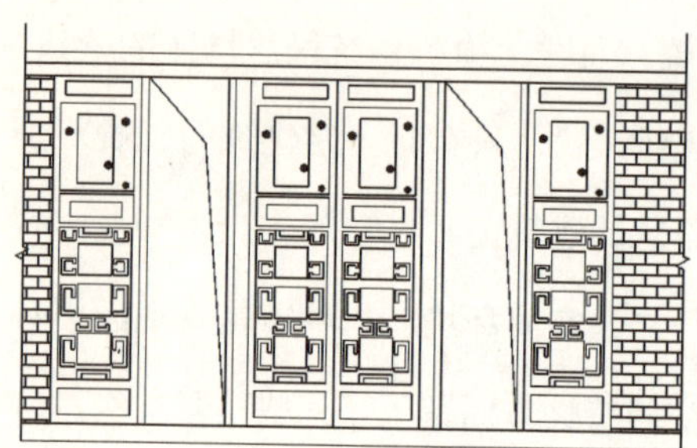

（一）明间设三关六扇门或双开板门

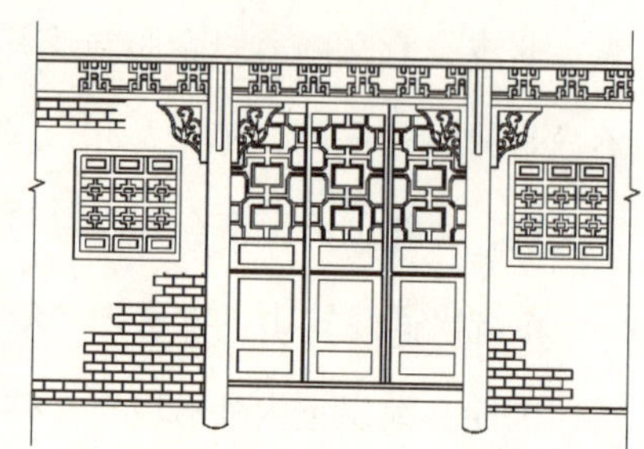

（二）明间设两关三扇门，辅以两扇支摘窗

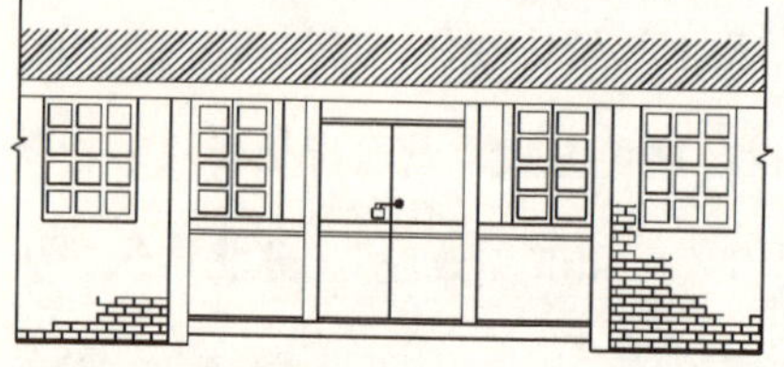

（三）明间设双开板门，辅以两扇槛窗

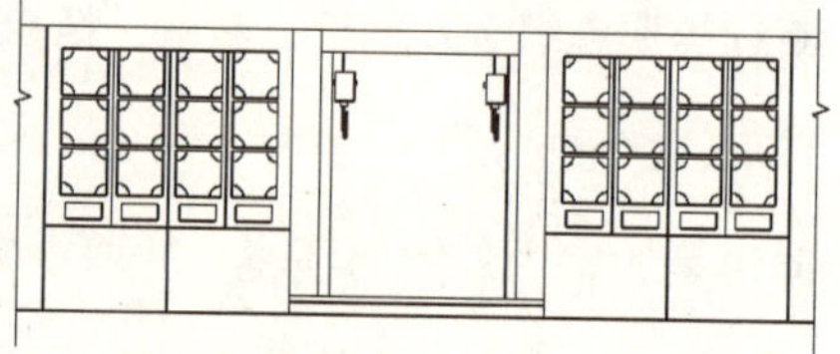

（四）前檐墙均是格栅门，明间可打开

图 1-18　徐州传统民居常用排列形式

山墙是房屋两侧的墙体，有悬山式和硬山式两种。苏北传统民居一般是硬山式，是装饰的重点。如户部山上崔家大院堂楼两侧山墙上镶有“狮子滚绣球”山花，表示喜庆、吉祥的意念（图 1-19）。

槛墙是窗户的木榻板之下的墙体，常见于苏北南部民居中，其精于应用各类贴面砖，有条砖、方砖、花砖、六角砖等多种形状，除此之外，印花砖和雕花砖也在槛墙中经常运用。

隔断墙是民居内部划分空间的墙，通常与山墙平行。徐州传统民居中隔断墙多为轻质木板墙，笔墨、字画配以案几、烛台、棋盘、琴台，是一种温文尔雅的美，具体形式在内檐分隔中简述。

院墙是院落的界墙，包括外院墙和内院墙。徐州传统民居中外院墙一

图 1-19　徐州传统民居山墙装饰

般为较高的实体墙，是防御性功能和私密性心理的综合体。墙体以清水为主，不加粉饰，青砖排列方式多种多样，在后面的技术特征中有所涉及。内院墙则与空间围而不死，界域两分，富有变化。徐州传统民居的内院墙上常开有若干个形状优美的窗孔和门洞，像取景框一样，把院内的景物变换角度纳入框中，随着人们行经其间依次展开。墙的虚实变化、步移景异、时空交替，营造了极具审美情趣的空间（图 1–20）。

总之，通过这些静止墙体的虚实、断续等形态组合及变化，形成了徐州传统民居这种可居可歇、可贯可行的赏心悦目的室内外环境空间，创造了和谐有效的生活空间。

（2）活动墙体。区别于静止墙体的一种活动的墙体。这种墙体主要存

图 1–20　徐州传统民居院墙形态

在于徐州传统民居沿街的底商建筑（底层商业，上层居住），墙体做成一块块木板的形式，可方便安装和拆卸。白天沿街木板全部拆下，室内外空间流动，建筑与街道融为一体。夜晚沿街木板全部装上，又是另一种截然不同的街道氛围：安宁、内向、封闭。这种不同生活场景的塑造在很大程度上由活动木板墙完成。这种活动墙体实现了私密与公共、室内与室外、住户与街道空间之间的多重性转化。这是一种最朴素而又最生动的墙与空间的社会生活关系。

2. 内檐隔断

内檐隔断即是室内的空间分隔体。它包括有完全隔绝的做法，如砖墙、木板壁；可以开合的隔断体，如隔扇门；半隔断性质的分隔体，如太师壁、博古架、书架；仅起划分空间作用，仍可通行联系的间隔体，如花罩等。徐州传统民居建筑在室内隔断方面积累了丰富的经验，表现出了无穷的智慧和想象力，对现今住宅室内装修仍具有极大的参考价值。

1）砖墙与木板壁

在徐州多以砖墙作隔墙，表面为麻刀白灰抹面或清水砖做细，多为混合方式，即既有砖墙又有木壁板，砖墙一般麻刀白灰抹面，壁板多刷暗红色。也有以木壁板作为隔墙的，颜色根据功能的不同而有所区别，一般厅堂多用楠木或上等木材，不施色，保持原木色；卧室用材丰富，多刷暗红色或保持原木色；佣人房等一般多用暗褐色或黑色（图 1–21）。

2）博古架与书架

博古架又名多宝格，为多层不同分隔的古玩支架。一般在富裕大宅中，

图 1–21　砖墙与木板壁内檐分隔

可依壁而设，也有放在两个房间的分隔处，作为房间的空透的隔断物使用，同时两面皆可欣赏陈列的古玩器物。分格空间长短皆有，以便放置不同规格的器物，也有的以拐子纹形式组织小空间，边缘加饰花。博古架下部为橱柜，上部为顶龛，作为储藏之用。博古架皆为优秀木材制作，做工精细，是一种高贵的室内装修形式。书架也是类似，往往整间布置，多用于书房室内。

3）太师壁

太师壁多用于富裕家庭，因为受到吴文化的影响而存在。即在厅堂后壁中央做出板壁，悬挂字画、中堂或供置祖龛，而两侧靠墙处开设一小门洞，通往厅堂后间或楼梯间。太师壁前设条案及八仙桌、太师椅。

总之，民居内檐装修不受风吹日晒，不易变形退色，且兼有陈设作用，因而用料比较讲究。徐州传统民居中各式花罩多用楠木、花梨、红木、松木等。表层一般都做本色烫蜡，凝重脱俗，更与室内家具和谐一致，搭配得当。内檐装修做工也格外精细，无论线条肩角，割对拼粘，均严丝合缝，

平整密实，其雕刻纹饰，更极尽功力，工艺细致。

3. 庭院的分隔

庭院的形式主要是建筑物围合的结果，但同时也依靠墙、廊及附属门屋的围合与间隔，以形成更有特色的空间。徐州传统民居中也是运用内院墙、廊亭、垂花门等附属门屋将庭院空间分隔得悠然自得，充分体现了儒道互补的思想体系。

1）内院墙

内院墙是徐州传统民居庭院分隔的主要手段，内院墙与空间围而不死，界域两分，富有变化。内院墙比较矮，一般两米多点，构建方式灵活多样，门的开设方面也比较随意，门洞的样式也是多种多样，没有外院墙那样的等级制度，重在表现自由。徐州传统民居内院墙的主要表现形式是漏花墙，既在内院墙的墙体上开设若干形状各异的窗孔和门洞。这些形状优美的窗孔和门洞就像相机的取景框一样，把院内的写物以不同的角度纳入其中，进而营造出极具审美情趣的空间。

2）廊亭

廊亭对庭院空间的分隔作用十分明显。廊子形成的院落具有很好的通透性，通过廊柱、挂落、栏杆观望院内的花木景物，形成框景，别有画意。同时随着人的移动取景构图亦在变化。廊亭和造景相互联系，使生活于其中的人们更能亲近自然。

3）垂花门

垂花门是院落式民居大门的一种形制。垂花门是内宅与外宅（前院）

的分界线和唯一通道。前院与内院用垂花门和院墙相隔。前院，外人可以引到南房会客室；而内院则是自家人生活起居的地方，外人一般不得随便出入，这条规定就连自家的男仆都必须执行。旧时人们常说的“大门不出，二门不迈”，“二门”即指此垂花门。垂花门整座建筑占天不占地，这是垂花门的特色之一，因此垂花门内有一很大的空间，从而也给家庭主妇与女亲友的话别提供了极大的方便。垂花门除了装饰特点外，它的作用还在于能表现出宅主的财力、家世的繁衍、文化素养的高低，甚至还能看出宅主的爱好和性格。

在徐州地区此用不多，但是也有所运用，较北方民居中的垂花门简单，少有花式雕刻，少有华丽的装饰。徐州地区垂花门有两种功能，第一，要求具有一定的防卫功能，为此，在向外一侧的两根柱间安装着第一道门，这道门比较厚重，与街门相仿佛，名叫“棋盘门”，或称“攒边门”，白天开启，供宅人通行，夜间关闭，有安全保卫作用。第二，起屏障作用，这是垂花门的主要功能。为了保证内宅的隐蔽性，在垂花门内一侧的两棵柱间再安装一道门，这道门称为“屏门”。除去家族中有重大仪式，如婚、丧、嫁、娶时，需要将屏门打开之外，其余时间，屏门都是关闭的，人们进出二门时，不通过屏门，而是走屏门两侧的侧门到达内院和各个房间。垂花门的这种功能，充分起到了既沟通内外宅，又严格地划分庭院空间的特殊作用（图 1–22）。

4. 局部空间的利用

传统民居对空间的利用十分重视，尤其是小户人家或地形复杂地区的

图 1–22　徐州民居中的垂花门

图 1–23　局部出挑增加空间利用

民居尤为突出，创造出不同的手法，以增加使用面积，节约宝贵的用地。徐州地区对局部空间的利用主要体现在以下几个方面：

（1）局部出挑可以扩大使用面积。按木构架的构造特点出挑多在前后檐的面阔方向。一般沿楼层大梁向外挑出，扩大了楼层面积，这跟南方其他地区民居有相似之处，是为了遮阳避雨进行交易活动方便而产生的。在徐州地区比较特别的是在二层楼正房前出挑，形成类似阳台的构造。这类空间是室内与庭院之间的一种过渡，使得室内外两者的关系更加紧密。处于该空间的人们既没有完全与室内分开，又可以享受到外部的自然空间，在室内室外两种空间中游刃有余。这类空间在夏季可以为人们遮阳、挡雨，还为人们提供一个饮茶、娱乐的场所；在冬季可以给人们提供一个晒阳、手工劳作、儿童玩耍的场所（图 1–23）。

（2）利用山尖空间。徐州地区民居建筑坡屋顶多不做吊顶，因此室内三角形的山尖空间很大，其利用方法多做局部吊板，作为储物之用，吊板可设在檐部，也可吊在中央。一般在睡房上做此吊板，因为次间的面宽较明间小，一方面可以为床铺遮灰挡脏，另一方面也不会使人感觉正房空间过于瘦高，这种做法可以很好地利用空间。

（3）构件化小空间的利用。这些小空间运用非常恰当，例如：在腰檐下部或劈檐顶部的空间可以作储藏空间之用，在农村很多民居中将其当做“地窖”用，放置晾干的大蒜、待播的种子等；厚的墙体可以挖成壁龛、橱柜或炉灶等；还有厚墙的宽窗台可以当制作台面用；厚墙的窗户两侧可以制作橱柜；一般民居的附墙橱柜可推至墙外等。总之这些空间是客观存在的，利用与否全在人为。

第 2 章　结构 · 构造

建筑是运用一定的技术，对材料加以组合、装配构成一定的实体和空间。研究区域建筑离不开分析建筑实体自身的结构与构造形式，因为在材料的使用过程中同样可以产生很多形式美感。本章从徐州传统民居的结构体系：承重结构、屋面构造、围护结构以及地面与基础四个部分进行探讨，分析徐州传统民居建筑实体的结构与构造。

2.1 徐州传统民居承重结构与构造特点

纵观整个中国古代的建筑史，即使砖石结构占有一定的比例，但是木结构应当是当之无愧的主流语言。这种主流语言主要由三种形式组成：抬梁式、穿斗式、干阑式。

在历史悠久的中华民族，每一种事物的发展都有其漫长的历史进程。自然这种木结构的建筑主流语言也不例外，木结构的发展有着极其鲜明的历史印迹：原始社会，以巢居为主；奴隶社会开始后夏朝到汉朝，以高台建筑为主；东汉到魏晋南北朝以木结构的高楼为主；隋唐到五代以木构殿堂为主；到了宋辽金时代，就出现了减柱、移柱等新的木结构；明清是木结构成熟多样的时代。

建筑语言的发展是建筑词汇扩充的结果。在中国早期的木构架语言中，从战国到西汉时期榫卯的出现，成了新的重要的词汇，这一时期还出现了斗栱这个建筑新词。榫卯的精细和复杂可以从出土的战国木墩中看到，从企口到复杂的凹凸构件的咬合以及木榫的穿插，都能知道当时的木匠已经对木构架语言的使用是多么的娴熟，而斗栱在建筑中的使用，使得建筑的屋面可以出挑，并且使原本简单的木构架产生了艺术性与文化色彩。

奴隶社会末期出现了高台建筑，使得中国的建筑产生了大体量的形式，直到西汉末，这种高台建筑在历史上一直占据着重要的地位。封建社会的初期，对于一些承载重荷和跨度较大的结构提出了新的要求，于是就产生了木结构的框架。比如斗栱的形式和桥梁的排架挑梁等。到秦代时高台建筑发展成为一种新的建筑形式即宫室建筑。这种貌似高台建筑全木结构的宫室建筑，建筑在一片大面积的土地上，它采用独特的划分手法，巧妙地将木构架的空间结构部分分成若干个小面积，以便使木构架跨度小、简单结构的构架很好地得到发挥。到了东汉时期，建筑结构有了重大的发展变化，中国古建筑中大型的厅堂构架形式在这一时期已经出现，而梁柱式是其出现的载体。梁柱式的木结构形式复杂，要求严格，加工细致。这种木构架结构牢固，经久耐用，建筑的内部有较大的使用空间，从此，中国古建筑就可以做出更加美观的造型和更加阔大的空间，自然也就产生了恢弘的气势，建筑的语言形式被大大地丰富了。到南北朝时期，木构架的语言更丰富了，如柱头、飞椽、梭柱、束竹柱等已经出现，为以后形成我国独特的木结构体系的建筑发展奠定了重要的基础。到了隋朝，结束了长达近两百年的南北分裂局面，在经济上有了新的发展，因此，在建筑上更是大兴土木，建筑技术也有了新的发展。现在的西安城的前身大兴城和洛阳城的前身东都都是在隋朝刚开始就新建的，当然这些大型建筑工程的设计和施工使得像宇文恺这样的设计师和工程师得以发挥其卓越的才华。

徐州传统民居的承重结构类型有木构架结构体系以及砖墙或石墙和柱共同承重两种结构体系。其中木结构使用得最普遍，灵活性也比较大，是徐州传统民居结构体系的主体。在传统的古建筑研究方法中，大木体系区分为抬梁（徐州多见）、穿斗（徐州最常见）、井干（徐州未见）三大结构体系。但从调研的结果看，徐州传统建筑的各种不同梁架构造方式远非这

图 2–1　徐州传统民居的立字梁（左）与金字梁（中、右）

三种体系所能全面概括。根据大的梁架体系分类，徐州传统建筑可以大致分为“正交梁架”体系和“三角梁架”体系两大类。

所谓“正交梁架体系”，是中国古建筑最为常见、分布最广的结构系统，其主要依靠垂直于地面的柱（包括童柱）和平行于地面的梁承受屋面擦条处的集中荷载，梁和柱彼此间正交。因横剖面类似“立”字，故在徐州附近一带称“立字梁”，为规范起见，命名为“正交梁架体系”，包括通常所称的“抬梁”和“穿斗”两种结构体系。

而“三角梁架”体系是苏北以徐州、连云港为中心的北部地区以及山东部分地区常用的梁架形式，其和“正交梁架”的主要区别在于使用了平行于屋面坡度的大斜梁（徐州部分地区称为“人字叉手”或“大叉手”，响水等地称“梁股”或“梁膀”），屋面檩条全部搁置于大斜梁上，而大斜梁开榫嵌固于最下的一根大梁之上，构成了刚性的三角梁架，内部辅以童柱、横梁，整体搁置于柱或承重墙上，因其横剖面类似“金”字（人字头代表大斜梁），宿迁、灌云一带称“金字梁”，命名为“三角梁架体系”以与“正交梁架”相对应（图 2–1）。

2.1.1　正交梁架样式

徐州民间传统建筑进深以五檩、七檩为主。一般而言，七檩房屋规模较大、等级较高，一般城市多、农村少，富家多、贫民少，正房多、配房少。而在梁架样式的组合变化中，五檩房是研究的基型，七檩相当于在五檩的前后各加一步。徐州各地传统建筑的梁架样式虽然多种多样，但按照类型来分，可以归结为主要的四种类型，即步柱造、金柱造、中柱造、五（七）排柱造，以及徐州等地常见的檐柱造。在此基础上，各地传统匠师根据实际使用的不同需要加以变化，创造了“称钩梁”、“金童落地”等丰富多彩的梁架样式。

徐州各地传统建筑中，步柱造都是一种较正统、规制较高的梁架样式，通常用于公共建筑、住宅厅堂的明间，偶尔也用于普通住宅的明间。步柱造的优点在于落地柱较少，明间和山间的联系方便，可以扩大室内空间，所以使用步柱造的厅房一般均不做隔间板壁。

2.1.2　金字梁架样式

“金字梁”得名于其屋架部分的轮廓和形式类似于汉字的“金”字，是徐州地区居民对本地常用屋架的最常见的俗称，与此相对应，抬梁、穿斗屋架一般俗称“立字梁”或“工字梁”。在形式上，“金字梁”区别于“立字梁”的主要特征是使用两根成“人”字形交叉的大斜梁，并由此而带来了包括柱、檩在内的整个木构体系在结构和构造上与抬梁、穿斗体系的巨大差异。为叙述方便，我们把屋架部分称为“金字梁”、抬梁、穿斗，而将包括柱、檩、屋架在内的整个木构体系称为“金字梁体系”、抬梁体系、穿斗体系。

所谓斜梁应为叉手，下层大横梁称一梁，上层三架梁称二梁，上下童柱统称站人。徐州现存的金字梁起架实例中最早的是明嘉靖间的崔家大院。由此可见金字起架是传统做法的一种，而不是近代化的产物。

金字梁架结构中，大叉手为主要承重构件，而梁和站人的地位则大为降低，故有“穷梁富叉手”之说。叉手出斜榫，梁身开榫窝铆接，必须注意榫窝位置一定要位于墙或柱的中心线上，即保证了叉手的荷载直接传至墙或柱上，而梁荷载极小，基本只起拉结作用，故有简陋的民居只用铁条拉结。

金字梁架结构中，檩条和叉手的节点下用垫块（当地称麻子）抵住，麻子用铁钉钉于叉手之上（传统铁钉为手工打制的方钉，称北梢子钉，后来有上下两头尖的枣核钉）。一般檩条直接搁置于叉手之上，但有时因檩条断面参差，须垫木片调平，一般和麻子连作。

徐州民居主要集中在户部山，传统上是官宦富家聚居之地，所以即使是金字梁架结构，梁檩用材大小和加工精细程度明显优于宿迁和窑湾镇的同类构架，但同样不作任何装饰。

金字梁架结构的民宅一般前后均做封檐墙到顶，前面开正门门洞和左右窗洞，几乎没有做前廊的实例。前后墙中均有擎梁柱，断面较小为120 ~ 150mm 见方。民宅山墙也基本为硬山封檐到顶，不开窗洞，山墙中一般不用山柱，有柱的做法是早期做法，用整柱的是明代做法，用半柱的年代较晚，还有在山墙上贴很薄的假梁柱的。

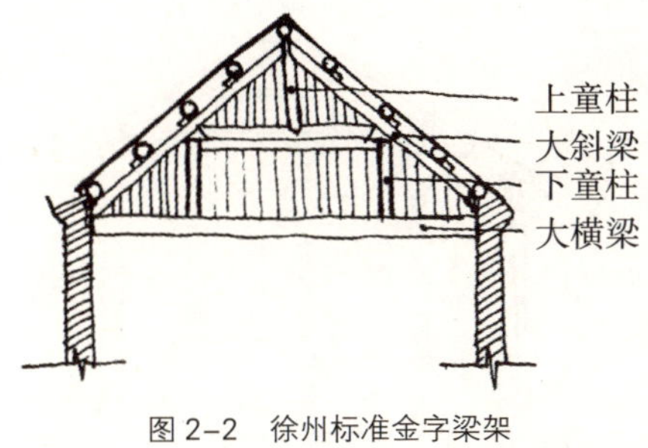

图 2–2 徐州标准金字梁架

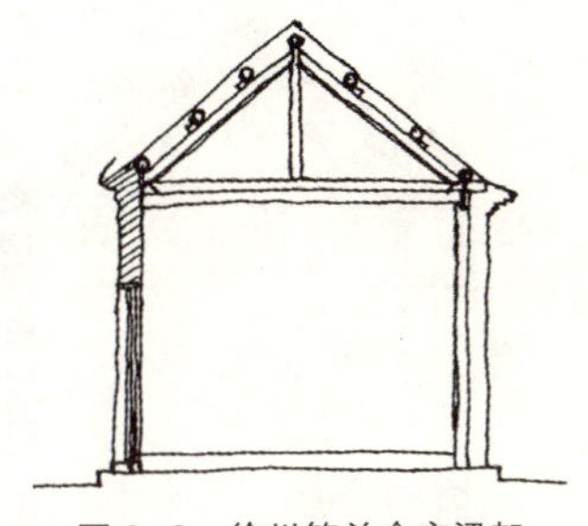

图 2–3 徐州简单金字梁架

徐州地区使用范围最广、数量最多的金字梁形式如图 2–2 所示，由于其普遍用于大户人家住宅以及普通住宅的明间，所以笔者称之为“标准金字梁”。标准金字梁架由四种构件组成，由于徐州各地对其称呼差别较大，为便于理解，根据古建筑习用的命名规律分别名之为大斜梁、大横梁、上童柱、小横梁、下童柱。各地常用的还有一种简单的金字梁，只用大斜梁、大横梁和一根童柱（图 2–3）。由于该形式主要用于普通民宅以及重要建筑的山面缝，所以称之为“简单金字梁”。

“标准金字梁”和“简单金字梁”通用于徐州各地的传统建筑，在数量上占绝对优势，是金字梁架的两种主要形式。此外，在部分地区的一些建筑中，还可以看到上述二者的几种变化形式：

（1）增加前后步梁，实例主要见于新沂市窑湾镇。窑湾曾为运河沿岸的重要码头和砖瓦产地，其传统建筑以“标准金字梁”为主，部分重要建筑增加前廊以满足实用和美观的需要。如主要商业街道中大街两侧的传统沿街店铺，为利客商挡雨遮荫，而在“标准金字梁”之外普遍增加前廊，表现为两种方式。一种最普遍的做法是增加廊柱承托双步梁，

图 2-4　金字梁架增加步梁的变化形式

另一种更巧妙的做法是用悬挑的双步梁承托出檐，梁后尾穿过柱子伸入室内，以吊柱压在大横梁之下，再辅以斜撑加固。大型建筑如窑湾西大街某庙宇，则前后各加一檐柱承双步梁，以扩大使用面积并增加壮丽的感觉（图 2-4）。

（2）增加挑檐，实例主要见于徐州户部山民居。徐州户部山民居常在明间的门窗洞口使用宽阔的挑檐，其主体结构方式也是“标准金字梁”，而在明间两檐柱外增加插枋和颇具古风的多层插栱以承托挑檐檩（图 2-5）。

（3）使用落地中柱，实例主要见于徐州农村民居的山缝梁架，而明间梁架均为“标准三角梁架”。其做法是在承托脊檩的大斜梁下使用中柱落地，而大横梁一分为二插在中柱上，与穿斗和抬梁体系中的山面“中柱造”做法极其类似（图 2-6）。使用中柱的三角梁架可以看成是“简单三角梁架”和“中柱造”正交梁架的结合，也是徐州传统建筑的过渡性的一种明证，同时也正是徐州地区南北交融的明证。

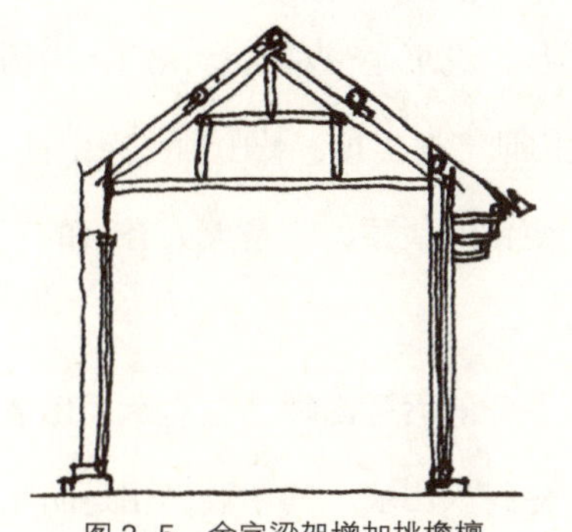

图 2-5　金字梁架增加挑檐檩

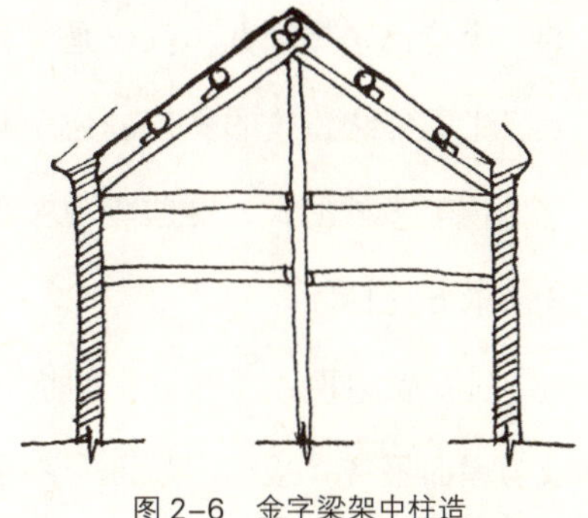

图 2-6　金字梁架中柱造

2.2　徐州传统民居屋顶结构与构造特点

世界上绝大部分建筑都将设计重点置于房屋外墙的立面构图之中，正是房屋墙身上那些优美的形状、和谐的节奏，使建筑物成为一件崇高的艺术品。然而，中国传统建筑却是个例外，它的构图重点不在墙身，最为重视的却是屋顶的设计，且越到后期，屋顶越为陡峻。屋顶已经成为中国传统建筑主要的特征（图 2-7）。

中国传统建筑的屋顶有着众多的形式，而这些形式大都是从人字两面坡或四面坡的原理加以变化组合而形成的。整体来说，传统的中国建筑的屋顶具有三大特色：一是出檐很远，庞大的屋顶对于加大建筑物的体量具有不可忽视的作用，它使中国建筑具有了雄浑之美。二是屋顶上的装饰构件很多。中国建筑的装饰性物件大都处理在屋顶上，这些装饰物全都含有吉祥、显贵的意义。除此之外，它们对丰富屋顶的轮廓线也起了很大的作用。三是中国的屋顶具有优美的曲线，这种曲线形式的屋顶也是中国建筑

图 2–7　中国古典建筑屋顶

的一个特色。屋顶并不仅仅是一种功能形状，它更是一种有意识的艺术语言。中国传统建筑的屋顶分为庑殿顶、歇山顶、攒尖顶、悬山顶、硬山顶、卷棚顶等多种形式，这些美观实用、富于变化的屋顶，正是天人合一的观念的最好诠释。

（1）硬山顶：屋面以中间横向正脊为界分前后两面坡，左右两面山墙或与屋面平齐，或高出屋面。高出的山墙称封火山墙，其主要作用是防止火灾发生时，火势顺房蔓延。然而从外形看也颇具风格（图 2–8）。

（2）庑殿顶：屋面四坡五脊。前后两坡相交形成横向正脊，左右两坡与前后坡相交，形成自正脊两端斜向延伸到四个屋角的四条垂脊。屋檐向上微翘，四面坡略有凹形弧度。又名四阿顶。唐代以前，正脊短小，四面坡深，明代以后正脊加长。

（3）悬山顶：屋面两坡五脊，一条正脊，四条垂脊。正脊两端伸出山墙，与脊头平齐顺垂脊修造外沿以保护檩头不受风雨的侵蚀。

（4）歇山顶：屋面是悬山顶与庑殿顶的组合，上三分之二为悬山顶，下三分之一是庑殿顶，因而形成四坡九脊的造型，九脊分别是一条正脊，上部四条垂脊，四角与垂脊间有四条戗（qiang）脊。（即左右两面斜坡的屋面上部转折成垂直的三角形墙面。由一条正脊、四条垂脊、四条戗脊组成，所以又称九脊顶。）

图 2–8　硬山顶

（5）卷棚顶：整体外貌与硬山、悬山一样，唯一的区别是没有明显的正脊，屋面前坡于脊部呈弧形滚向后坡。如果说上述四种屋面棱角分明，

图 2–9　徐州古民居硬山顶

显出一种阳刚之气，那么卷棚顶就颇具一种曲线所独有的阴柔之美。

（6）攒尖顶：是圆形和正多边形建筑的屋顶造型。除圆形攒尖顶无脊外，屋脊自屋面和各角中心向屋顶汇聚，脊间坡面略呈弧形。江南各式屋顶的屋檐与屋角的起翘都大于北方，然以攒尖顶最为悬殊，有飞檐之称。这种形状既方便雨水的排泄，又有轻盈欲飞的美感。

在中国古代遗留下来的建筑精品，除去上述单一造型的屋顶外，还有由这些单体屋顶组合而成的复杂形体：北京故宫、颐和园和被烧毁的圆明园都是以屋顶形式的主次分明、变化多样来加强感染力的，尤其令人惊叹不已的是故宫角楼屋顶的组合造型。

徐州传统民居的屋顶主要是硬山顶，它是人字屋顶的一种形式，具有朝野分明、简单易行的特点。其基本造型是两坡式屋面，屋面两坡交界的地方以瓦片或砖铺砌成单脊，两侧的山墙与屋面齐平或略高于屋面，这样使得山墙的形象更为突出，显得比较朴素和刚直（图 2–9）。

2.2.1　屋面

我国古建筑屋面基层是承接屋面瓦作的木基础层，它由椽子、望板、飞椽、连檐、瓦口等构件所组成。

（1）椽子：它是屋面基层的最底层构件，垂直安放在檩木之上。

（2）望板：钉铺在椽子上面的木板层，作为屋面泥灰背、苫背的挡搁板。

（3）飞椽：它是安装在檐口部位望板之上的椽子，与檐椽相对布置，较檐椽挑出更远。它是作为抬高檐口，减缓屋坡陡势的构件。

（4）连檐：它是固定檐椽头和飞椽头的连接横木。连接檐椽的称为“小连檐”，一般为扁方形断面。连接飞椽的称为“大连檐”，多为直三角形断面。

（5）瓦口：安装在大连檐之上，用来承托檐口瓦件的构件。它根据所采用的板瓦或筒瓦不同而做成不同的弧形面。

徐州所有建筑的屋面均不作提栈曲线而做直线，一如汉代建筑资料所显示的。大木梁架本身的坡度（起架）约 30% ~ 35%，加上苫背和铺瓦时提高的坡度，徐州的建筑外观坡度陡峭。

徐州地区传统建筑中的椽子大多数用半圆椽，飞椽用方椽，但整个椽身收杀，前小后大。椽子的根数有讲究，不能为单数（一子单传，不吉利）。椽子不能正压在梁中缝上，否则即构成“扰梁”，不吉利。

徐州传统民居的屋面主要是由小青瓦组合成具有韵律的瓦阵，但具有特点的是在勾头上方还盖一层迎风花边，采用“压四露六”的方式铺瓦，一垄取仰式，一垄取伏式，形成一排排自上而下的瓦垄，各垄仰瓦分别形成水沟便于排水，另外勾头、滴水的花纹也有寓意。其中瓦垄必须底瓦居中，否则即构成不吉利的“穿心箭”。由于一般屋顶是“人”字形的硬山顶，因此，一排排瓦垄自上而下，铺得很整齐，形成了很强的运动感（图 2–10）。

图 2–10　徐州古民居屋面

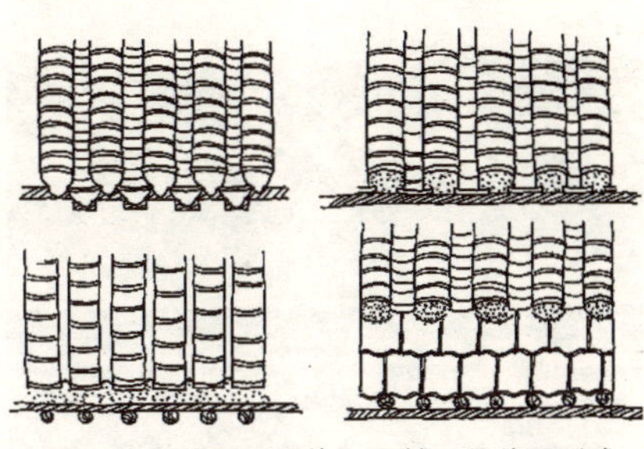
图 2-11 徐州民居檐口及铺瓦的处理形式

檐口瓦件的施工是铺瓦的第一步，由于檐口位于屋面最下端，为防止下滑必须在瓦件之间以泥粘结，即必须带泥而不能干摆。在考究的大户人家的出檐的连檐上，须加“瓦口板”固定檐口瓦件。瓦口板是依瓦件大小及瓦垄的宽度，锯出起伏相近的波浪形瓦口，钉在连檐之上，并用铁搭和椽头拉牢。最外一层底瓦两端各锯一槽口卡入瓦口板内，如此既可防止下滑，且因瓦口板填满了瓦件间的空隙而美观。檐口及铺瓦的具体的处理方式如图 2-11 所示。

总体而言，徐州建筑屋面檐口的处理具有很高的统一性。一般而言，规格较高的全套檐口瓦件由滴水、勾头和花边组成。在徐州地区，底瓦端头的均称“滴水”，而盖瓦端头的类似官式建筑勾头的瓦件一般称“猫儿头”，因其上经常用类似猫脸的装饰。在“猫儿头”之上还常有一块反翘向上的瓦件，徐州称“迎风花边”(图 2-12)。花边是徐州传统建筑常见的檐口瓦件，其正立面一般呈扁长扇面形，颇有宋式重唇板瓦的遗韵。有时也用滴水瓦倒扣在猫头之上，地位和作用类似“花边”。滴水和猫头的正立面外形一般接近弧线拼接的三角形，或者下部尖垂的椭圆形。在滴水、猫头和花边的正面一般均有烧制时模印的吉祥图案、花纹或文字图案，有着良好的寓意，而边缘一般均有掐瓣状的装饰。普通民宅在盖瓦的末端用石灰粉出扇面形，称“扇面”或“鬼脸”，扇面的作用在于垫高檐口底瓦使坡度平缓，

图 2–12　檐口滴水与花边

可以防止屋面下滑，有的也在扇面头用瓦件。

此四种檐口做法互相组合，就可产生各种檐口做法，如只用滴水、猫头而不用花边；底瓦用滴水、盖瓦用扇面；或底瓦不用滴水，只微微挑出檐口，而盖瓦用扇面；最简单的民宅底瓦和盖瓦端头均不作处理，为防止下滑，或用两块盖瓦横着垫塞在最下一块盖瓦下面。

苏北的北部地区雨水相对较少，屋檐排水功能的需求不像南方建筑那么重要，所以徐州民居屋顶多采用平顶和单坡瓦屋面，屋顶出檐小使得屋内有最大可能获得较长时间的日照，使得室内温度有所提高。室内屋面不吊天花板，采用露明做法，梁、椽等构件用桐油涂刷，形成栗色光泽，装饰朴素，风格清淡素雅。

2.2.2　屋脊

屋脊是屋面的一个重要组成部分，也是屋顶重要的装饰部位。盖屋顶中最重要的是做屋脊，俗称“做脊”。由于屋脊处于房屋的最高处，所以除了固有的保护脊檩、牢固屋面的功能性作用外，也有显示屋主身份地位、争奇斗美、避祸求吉的社会心理作用，所以民间将“做脊”转音称为“做吉”。纵观整个徐州各地区传统建筑，瓦屋面的屋脊形式、做法乃至名称、风俗可谓千变万化，但亦可总结出部分规律。

对于徐州传统的民间建筑而言，无论何地何种做法的屋脊，均可以按纵向位置分为脊头和脊身两个基本的构造部分。所谓脊头，即屋脊两个端头部分，或平直、或起翘，往往是屋脊最突出的装饰重点，也是一般区分屋脊种类的首要因素。《营造法原》所称的甘蔗、雌毛、纹头、哺鸡、哺龙、鱼龙吻、龙吻等即是以脊头的特征来命名的样式。屋脊除脊头以外的部分就是脊身，脊身的正中部分又可称为脊中，一般也是屋脊的装饰重点。区分脊头和脊身对于认识徐州民居屋脊的形态及其形成原因有着十分重要的意义。

徐州地区绝大多数建筑的屋脊外观均表现出中间低、两头高，但绝不可一概而论，其区别在于仅仅是脊头起翘（图2–13），还是连脊身也起翘，这存在着构造上极大的差别。脊身起翘的因素一般有两个，一是梁架本身有升起，这种情况往往脊身曲度十分明显，而且曲度大小和梁架升起大小呈正比。二是通过屋脊的基座层即灰座内部垫填砖瓦而导致翘曲，往往翘曲较小（图2–14）。

图2–13 脊头起翘的形式

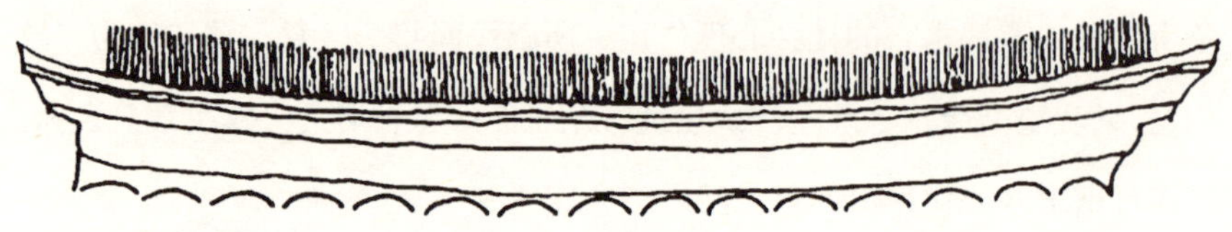

图 2-14　脊身起翘的形式

图 2-15　徐州颇具古意的屋脊

徐州市内传统民居的脊身曲度较大，但脊头反而相对简单平直。不用专门突起的脊头构件（兽头除外），脊头多为脊身的自然出挑，一般出挑深远，但并不作大幅度的起翘和刻意的装饰，颇有古意（图 2-15）。徐州地区传统建筑（主要是民居）的正脊曲线成下凹弧线，这种曲线的形成是由三方面因素导致的。首先，两次间檩条本身上翘，山缝比明间缝高起 100 ~ 150mm；其次，正脊墁灰垫高；再加上瓦作本身的高差。

徐州民居正脊主要是清水脊（又叫扁担脊）和片瓦脊，梁头起翘要求自然有力，感觉余势未尽。根据砖作层数不同，又可分为小怀脊、大怀脊和花板脊。清水脊多用砖垒砌线脚，脊两端做成象鼻子式样；片瓦脊采用小青瓦堆砌并带有各种花饰，脊的两端翘起做成样式颇多的鳌尖。垂脊的装饰工艺主要是砖雕和灰雕，配以多种屋脊饰件，不仅反映了屋脊构造节点和造型装饰统一的特点，而且还体现了一种“风水”观念，是一种文化精神内涵的象征，更是一种地位、权力的象征。

脊部瓦件一般是在施工时用青砖在现场砍制，但也有倒模烧制而成的构件（如花板）。从下至上一般分为四个部分：太平板砖（又称硬板砖），滚字笆砖（小怀用，一块卧砖左右砍圆，大怀用豆瓣砖，两块立砖对合，外侧面砍圆），燕翅笆砖（1 ～ 3 层），最上部分为盖瓦。砍成三角形的脊砖称为狗牙笆砖。

另外，徐州传统民居“中和”手法的采用，在徐州传统民居中也有很明显的地方，如屋脊的造型上面，不是北方刚直的屋脊，也不是南方蜿蜒的“燕子脊”，它采取稍带弧度的少装饰的正脊，垂脊有时也不是完全的对称或翘起。

徐州传统民居中很少有脊兽，只有大户人家的少数正房有用脊兽，一般做法为五脊六兽，即两正脊兽加四垂脊兽。兽口一般向外，闭口，只有有功名的人家才能用开口兽。兽有两种高级形式，即插花兽（兽和铁花的组合）和更高的插花云燕（兽 + 铁花 + 加高铁杆上立铁燕，现已不存实例）。如图 2–16 所示。

图 2-16　徐州古民居屋脊上的脊兽

2.3　徐州传统民居围护结构与构造特点

徐州为多山地区，墙体的材料以砖、土、石为主，反映了一个地区的建筑风格从整体上受到地理条件的限制。具体到每个建筑的墙体用材，在遵循地方传统习惯的基础上，则主要受到屋主经济条件的限制。一般说来砖墙和加工过的条石墙最昂贵，其次为毛石、乱石、片石墙，土墙最为经济，所以传统上城镇普通住宅都普遍用青砖墙，城镇的贫户和农村的富户则多用砖土混合墙，而农村的普通住宅则土墙居多。

从徐州现存民居实例看，围护结构墙体的构造方式可以概括为三种，即砖墙构造方式、石墙和砖石墙构造方式、土墙和砖土混合墙构造方式。

2.3.1　砖墙构造方式

1. 砖墙的种类和材料

砖墙在徐州各地最为普遍，种类也极其繁多。从砌体材料的组合上可以分为全砖墙、砖土混合墙和砖石混合墙。全砖墙从用砖的整碎可以分为整砖墙和乱砖墙。整砖墙按砖看面加工的工艺又可分为磨砖墙和糙砖墙(即不加磨面)。磨砖墙根据工艺的不同可以分为干摆、丝缝、淌白。糙砖墙有各种不同的组砌方式，徐州地区一般称砖长边平行于端轴线为“顺”(扬州亦称“躺”)，长边垂直于墙称“丁”；平砌为“扁”(泰兴称“仄扁”，即现代通称的“卧”)；立砌为“斗”(扬州亦称“站”)。“顺扁”、“顺斗”、“丁扁”、“丁斗”为砖的四种基本的排放方式。一般的墙都是以这四种基本形式有规律地组砌而成的，根据组砌方法的不同又有不同的名称和做法。徐州传统建筑实例的用砖尺寸由于地区和年代的不同而很不一致，总体而言为北部大、南部小，早期大、晚期小。如徐州户部山民居用砖普遍在300mm×150mm×70mm左右。

2. 砖墙组砌方式

在徐州，砖墙的组砌方法有多种。墙体所见均为空心墙，又称“填阁墙”，即墙体分为内外两层皮，多通过丁砖相互拉结，中间填以碎砖瓦(苏北通称“馅砖”)或土坯砖、土，有完全填满的做法，考究的做法还要灌入石灰浆或糯米汁以密实砖缝和填充体，但多数人家不完全填满以防止墙体进水后填充的土块膨胀导致开裂。墙体的厚度一般在一砖半至两砖之间，如此前后墙皮的丁砖可以咬合在一起。

整砖墙的砌法大体可以分为“仄扁”、“斗子”(即《营造法原》之“斗子”)，以及二者的结合形式。据徐州各地匠师称早期以斗子墙居多，而后来以仄扁墙为主，仅在山尖部分用斗子墙。如徐州现存的空斗墙只有明代

户部山崔家大院一处。

徐州地区处于我国南北交界地带，其传统民居也必然受到南北民居风格的影响。徐州民居的墙体一般宽 500 ~ 600mm，通常五顺一丁（皮层数）或七顺一丁扁砌到顶，用砖 300mm × 150mm × 70mm 左右。徐州墙体的做法特色在于“内生外熟”，即墙外侧用砖扁砌（130 ~ 150mm），内侧用土坯砖(400 ~ 500mm)。另外，较高级的墙体内外均用一层扁砌砖，中间填碎砖或土坯。这样可以起到很好的保温效果。在徐州户部山，由于在山上建房必然要开山采石，平整一部分地面，开采出的石头正好用来砌墙，因此户部山民居青石基础很高。一般匠人由于对石质力学缺乏了解，通常凿石为卯榫，使其构合如木，而多不知其相互间的压力作用。翟家大院、余家大院等巧妙地运用了石头压力强而弹力弱的特点，采取下石上砖的营造方法。户部山崔家民居有空斗墙，是明代做法。墙体用立顺砌及立丁砌法，交互插接形成空斗，空斗内可填塞碎砖瓦片及灰土，亦可不填，其防寒隔热效果比较好，也可以节省用砖。空斗墙的砌法基本上是下实上空，空墙内有拉结的地方，即下为 3 ~ 6 皮立砖，上部空斗部分每隔几皮就要平砌一至几皮卧砖。由于墙面顺丁交错，立卧互变，可以形成许多图案。

传统民居墙体的营造意匠是各地方、各民族的工艺匠师和广大民众在各种不同的自然环境、社会文化、经济技术、审美观念、生活习俗等客观条件下创造出来的，包含着丰富的经验和宝贵的智慧（图 2–17 ~ 图 2–19）。

图 2–17　徐州古民居墙体（一）

图 2–18　徐州古民居墙体（二）

图 2–19　徐州古民居墙体（三）

2.3.2　石墙和砖石墙构造方式

徐州地区为多山石地区，因此传统民居中使用石砌墙体的也比较普遍，这是传统民居建筑顺应地理和气候条件作出的选择。连云港向西至徐州一线是鲁南山地向南延伸所形成的低山丘陵，从东向西分别为云台山、马陵山和铜山三列山地，高度在数十米至 400m 之间。地形切割破碎，其中海拔 625m 的连云港云台山为江苏第一高峰。山地多石，所以该地区就地取材，以石筑墙。徐州四季多风，石材自重较大，利于抗风且防水耐久，其境内众多的摩崖石刻和采石场遗迹表明其居民很早就懂得利用本地丰富的石材建造房屋以备风雨，形成了石材砌墙的传统并延续至今。

1. 石墙构造

按照加工的复杂程度排列，石墙所用石料的外形可分为碎石、片石、毛块石和整块石四种。碎石是大小不等、形状各异、没有明显规整面的石料。片石是指大小基本接近，一面较薄，呈片状的石料。毛块石是指轮廓方整，但表面未经加工的石料。整块石是指轮廓方整，表面经加工平整的石料。一般说来，毛块石和整块石多用于勒脚和基础，富裕人家也用来砌筑墙体。片石多用来垒砌墙体上部和围墙等。而碎石用于较简陋的住宅、次要建筑和围墙。

石墙砌筑样式和砖类似，也是分内外两层石墙片，中填以碎砖石。毛块石和整块石轮廓方整，其组砌方式也和砖墙类似，一般为一层陡砌、一层横砌层叠而上，类似于砖墙的“一斗一卧”，横砌的“卧石”起到拉结内外墙皮的作用。片石墙以小块的不规则片石叠砌，为增强整体性以免松散，必须杂以长度接近墙体总厚度的大块毛石组砌，毛石以小面朝外，长面穿过墙体以自重压实下方的小片石，拉结内外墙皮，起着类似于砖墙“丁砖”的作用，所以当地称之为“过石”。片石墙大小石料组合，既讲究彼此间的咬合、拉结以求稳固，又讲究大小石面错落有致的美感，而且一般不勾缝、不抹面，所以最能体现工匠水平。碎石墙的砌筑则相对简单，较少讲究，一般的砌筑原则是以大块石料为主，中间缝隙处以小块石料填塞，选用较长的石料充当“过石”。上述四类材料和砌法往往混合使用。

2. 砖石墙构造

石墙和砖墙在徐州的传统建筑中往往配合使用，而纯粹全用石料的墙体数量反而较少。对除整块石墙以外的其他石砌墙体而言，用砖越多规格就越高。

传统建筑注重发挥石材耐压、防水的特性，墙体一般下石上砖。绝大多数建筑基础和墙下勒脚多用块石、毛石垒砌。有的楼房一层用石而二层用砖，但无论石墙多高，墙顶部封檐部分必须砌数皮砖墙，且屋面必为瓦或草屋面，而绝不用石板屋面。徐州地区传统建筑在砖石的组合方式上更显丰富，常在开间和进深方向横向划分砖石的材质变化，富于装饰效果（图 2−20）。

2.3.3　土墙和砖土混合墙构造方式

徐州农村传统民居曾普遍为土墙草顶房，但在新中国成立后逐渐被砖墙瓦顶房所替代，至 20 世纪 70 年代几乎绝迹。徐州地区现存的土墙草顶房只有在靠近连云港附近的极少数地方偶有遗存。一般单体规模不过三间五架，明间（连云港一般称堂屋或当门地）面阔和进深约一丈左右，房间面阔不过八九尺，檐高七八尺，门窗洞口狭小，梁架屋望等亦十分简陋，室内地面以黄泥地面为最普遍，较高级的用三合土。具体到土墙的做法，主要分土坯砖墙和夯土墙两类。

土坯砖墙的做法首先是制作土坯砖，然后以土坯砖层层垒叠砌成墙体。先将泥和切碎的麦壳、麦秸秆（连云港称麦糠）掺水拌合均匀，放入一长方形木框内，即为一块泥坯，泥坯经过晾晒后变干变硬，即为土坯砖，其尺寸一般较青砖为大。土坯砖无须经火窑烧制，所以是“生”土，而烧制的青砖为“熟”土，所以徐州普遍称外砌砖墙、内垒土坯的墙体做法为“里

图 2–20　砖石组砌方式

生外熟”墙。

砖土混合墙在砌墙时同时使用砖和土（包括夯土和土坯）两种材料，曾广泛地应用于徐州农村及部分城市建筑中，现在徐州、赣榆、响水一带尚有少量遗存。砖土混合墙的主要种类有：

（1）里生外熟墙，响水也称“外包砖”，即墙外侧用砖（以土烧制，故名熟土）砌筑，内侧用土坯砖（响水称“土夹”）堆砌。墙面很厚，一般外侧砖墙 120 ～ 150mm 厚，内侧土坯 400 ～ 500mm 厚。砖墙一般扁砌，丁顺结合以丁砖插入土坯砌体内相互拉结。

（2）泥墙腰玉，即土墙中每隔一段用石灰和泥砌砖两皮。在淮安等地常用。

（3）四角硬或出土青，即在土墙房屋的重点部位使用部分砖墙。如墙角用砖，其他部位用土即称“四角硬”；以砖砌勒脚、上为土墙在淮安称“出土青”，根据勒脚层数的不同有“五层青”、“七层青”等。

（4）一面青、进门青、四面青，淮安称谓，农村地主富户为彰显体面，在主要观看面使用全砖墙，而在次要面用土墙。一面青是单栋房的正面用砖墙，进门青、四面青是对院子而言的，面向院落的前墙和院门用砖墙。

2.4 徐州传统民居台基与地面

2.4.1 台基

1. 台基起因

古代早期的房屋为什么由半地穴式上升到地面，再由地面升高到台基之上呢？墨子所说的“下润湿伤民”是理由之一，汉族的发源地是黄河流域，黄河自古就以不驯服而著名。“半地穴式”的房屋也许有多优点，保暖和防风问题较在地面上的屋子更易于解决，施工会简单、容易一些，但是，一遇水淹，就会马上变成一个个水池。中国人也许自经过了一场特大的水淹教训之后，总结出解决的办法就是把房屋上升到地面，而且这还不够，为了安全起见，最好就是升高到一个比四周地面更高一些的台基上，愈高当然就愈安全。

“台”和“台基”的出现最初的时候都是起因于功能的要求，是“防洪”、“防涝”的一种安全措施，因为“洪”和“涝”都会带来水淹的情况。“台基”就是单座房屋的基座，而“台”则是多座建筑的联合基座。台愈高愈大不但愈安全，而且表现出一种壮观的外形，在战争中利于防卫。因此，到了生产技术有了进一步发展的奴隶社会，有权势的人可以驱使大量的奴隶从事建筑工作。于是，便筑得愈来愈高和愈大。反过来，台的大小的确就是表现了房屋主人的权势和地位。

台基的大小应确定，不能让它毫无限制地发展，过高过大意味着浪费很多劳动力。到了台基正式成为了房屋建筑不可缺少的一个部分之后，对它的大小就有了一些规定。这些规定是以阶级地位为基础的。《礼记》有“天子之堂九尺，诸侯七尺，大夫五尺，士二尺”，指出了当时“明堂”这种天子的建筑物台基的高度。从商代到周代，台基的高度提高了三倍。现在的建筑进入了“标准化”和“模数化”之后，台基的大小就在技术上来加以规定了。《营造法式》上定的是“立基之制其高与材五倍，如东西广者，又加五分至十分，若殿堂中庭修广者，量其位置，随宜加高，所加虽高，不过与材六倍。”材，是“模数”的单位。最大的“材”是九寸，即台基的高度应为四尺五寸。中庭，即堂殿面对的封闭空间，如果“院”较大，台基也应加高，这是对空间的视觉效果的调整，调整的限度最大不过六倍，亦即五尺四寸。房屋按其大小不同采用不同的“材”，于是台基的高度和房屋的大小相应地变化，因而就永远不会失去各部分之间存在的构图上的“权衡”。

2. 台基结构形态

在结构上，我们应该把台基理解为一个“块状基础”，而不是抬高地面高度的一个垫层。把基础建筑到地面上来，台基的意义就更为重大了，它保证了房屋不会产生不均匀的下沉，它比房屋本身较大、较宽，就不能单纯说是一种形式上的考虑，它同时又是一种力学上的合理的形状。

台基除了立面形式有很多变化之外，平面形状也是有不少变化的。此外，重大的建筑物台基还发展为多层的形式，清宫太和殿和天坛祈年殿都是三层的台基，总高达二十多尺。台基的面积比殿堂的面积大上了六倍，不论在设计上或者施工上，台基似乎比其他部分所花费的气力还多一些。台基除了基身之外，大半还包括两种必要的附属元素，其一就是“台阶”，其二就是“栏杆”。台是要有阶才能登上的，台基的边缘因为高出地面很多，必然就要围以栏杆，以策安全。台基加上了台阶和栏杆，在外形上便顿呈丰富，层层的台基就有层层的栏杆、层层的台阶，它们所构成的形状便显得千变万化、波澜壮阔起来了。

3. 台基种类

台基的种类和名称很多，“阶级”式的称为“踏道”，斜道式的称为“斜阶”。因坡度不同台阶又分为平、峻、慢三种。宋喻皓在他所著的《木经》

上对此有过解释："阶级有峻、平、慢三等，宫中则以御辇为法：凡自下而登，前竿垂尽臂，后竿展尽臂为峻道；……前竿平肘，后竿平肩，为慢道；前竿垂手，后竿平肩，为平道。"由此可见，坡度不是随意地去制定，而是经过了细致的对使用的研究，由动作和人体尺度配合结果而得出来的。

徐州传统民居台基多由块形青石构成，堂屋、厢房均多为"二阶制"，跨高较大，其中堂屋台基多在 400 ~ 600mm，厢房低于堂屋、多在 200 ~ 400mm，也有个别房屋因地形变化出现特别情况的。地面做法比较简单，小户人家多为素土夯实地面或灰土地面。稍有条件者，用一般青砖铺墁，大户人家则用方砖或青石地面。做法是素土夯实（或灰土夯实）、细砂垫层、坐浆、铺方砖、油灰嵌砖缝（图 2–21、图 2–22）。

图 2–21　徐州古民居台基（一）

图 2-22　徐州古民居台基（二）

户部山民居均为山地建筑，且由于徐州长期受到水患影响，所以墙体下部一般用石材垒砌。较有特色的是所谓“印子石”，宿迁也有，即采用石材砌入砖墙内，一般用于着力点，以增加牢固度，如梁檩下、转角处等。白色的石块在青砖墙上错落有致地分布，很有特色（图 2-22）。

徐州民居中的门枕石很少使用抱鼓石，即使有体量也很小。一般是采用扁方形石块，内外等高，鲜有雕刻。左右开槽，插入门槛。门左右砖墙内侧嵌入一块“咬杠石”，上开圆孔以插入门杠。有的还加门洞上下的咬杠石，称“天地杠”（图 2-23）。

2.4.2　地面

徐州民间传统建筑大多为木结构，一般以夯土进行浅层地基处理，同时承重木柱下端开挖点式基坑至老土，在坑底加碎砖石夯实，再以砖石砌筑柱墩至地坪标高，上置磉石承重。此时墙体一般为非承重墙，故墙下亦只作浅层地基处理。

地面构造方式分为室内地面和室外地面两种。

1. 室内地面

传统民居一般在梁架、墙体、屋面均完成后才做室内地面。首先是回填基础坑槽、平土至所需标高（根据地面做法不同而不同），若土不高，须另加土夯填。然后做面层。根据面层做法分类，徐州传统民居的地面做法大致可以分为四种类型，按用料规格和施工复杂的程度从高到低依次是：

(1) 罗底砖地面。广泛分布于徐州各地，是级别最高的地面做法，但未见实例。罗底砖是一种做工考究的大方砖，平面尺寸所见有 300mm 见

图 2–23　徐州古民居抱鼓石

方和 450mm 见方两种，前者一般用于寺庙、衙署，后者多用于民宅厅堂。罗底砖不外正铺和 45° 斜铺两种铺法，均磨砖对缝、以糯米汁弥缝。

（2）条砖地面。条砖地面在城乡普通民宅的堂屋、房间中最为常用，一般直接铺于夯实土基面上，较考究的还在土基面上垫一层细砂。室内条砖地面一般以大面平铺，很少仄砌，尽管条砖的尺寸各地差别很多，但从调研中的实例所见，室内地面的铺法不外套方八字锦、断字锦、十字缝等三种形式，仅有极少数的室内地面用人字纹或席纹（图 2–24）。

(3)灰土地面。农村普通民宅中常用，城镇中较少采用。农村灰土地面，一般用烂泥和石灰按体积比 70 ： 30 干拌拍实。

（4）烂泥地。黏土或黄土拍实。一般为农村简陋房屋或次要房间的室内地面。

堂屋在徐州民居中是会客和举行祭祖等礼仪活动的场所，所以一般地面做法相对考究，常有堂屋用罗底砖而房间用条砖铺底的做法。房间则更注重寝卧起居的舒适，所以在城镇传统民居中一般是明间（堂屋）用罗底砖地面或条砖地面，而房间常用木地板。木地板用龙骨架于夯土地面、碎砖地面，甚至条砖地面之上，一般长边平行于进深方向，和现代木地板基本相同。为了防止木地板下龙骨受潮朽坏，使用木地板的建筑一般均必须在木地板下的外墙上开透气洞口，以利空气流通散潮。

2．室外地面

室外地面在农村多为自然黄土地面，而在城镇中则多为铺砌地面。室外铺设的铺设材料绝少用罗底砖，而以小条砖和石材为主，宅园中有时也

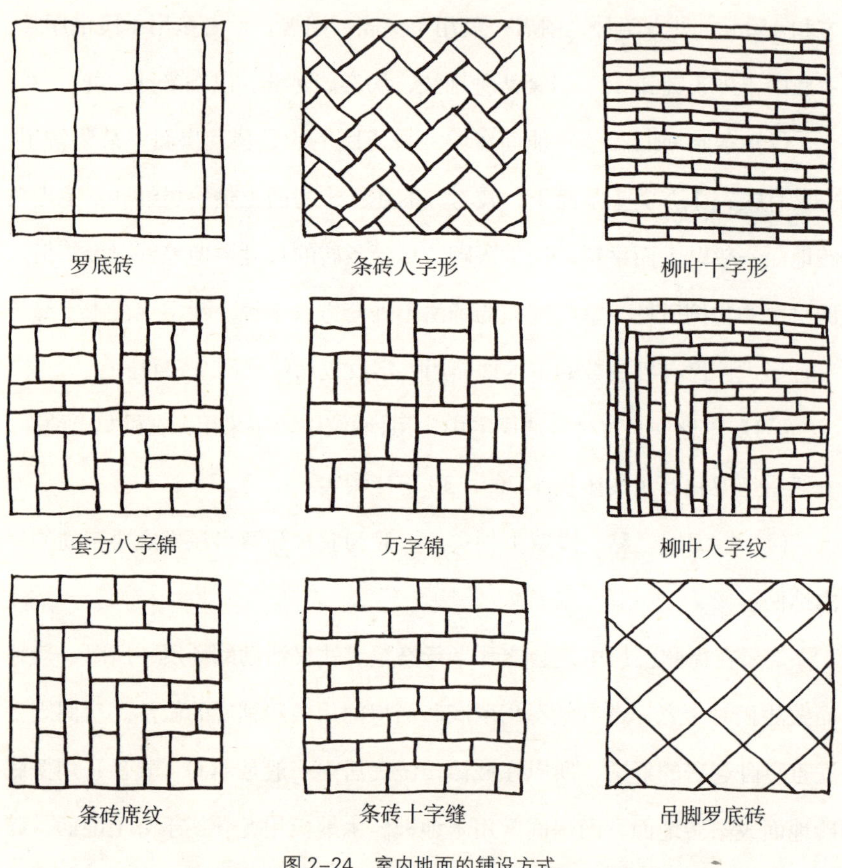

图 2–24　室内地面的铺设方式

用乱石铺地。总体说来，室外地面的铺设做法比室内地面更加丰富多彩。

小条砖室外地面一般多仄砌，少平铺，铺砌式样以人字缝、席纹和十字缝为常见（图 2–25）。石材地面在少石地区为高级做法，一般以方整青石板十字缝铺砌，由于徐州为多石地区，冰裂纹石板地面也较为常见，用料也大多不甚规格。民居在宅内室外铺地上往往根据平面形状和使用功能

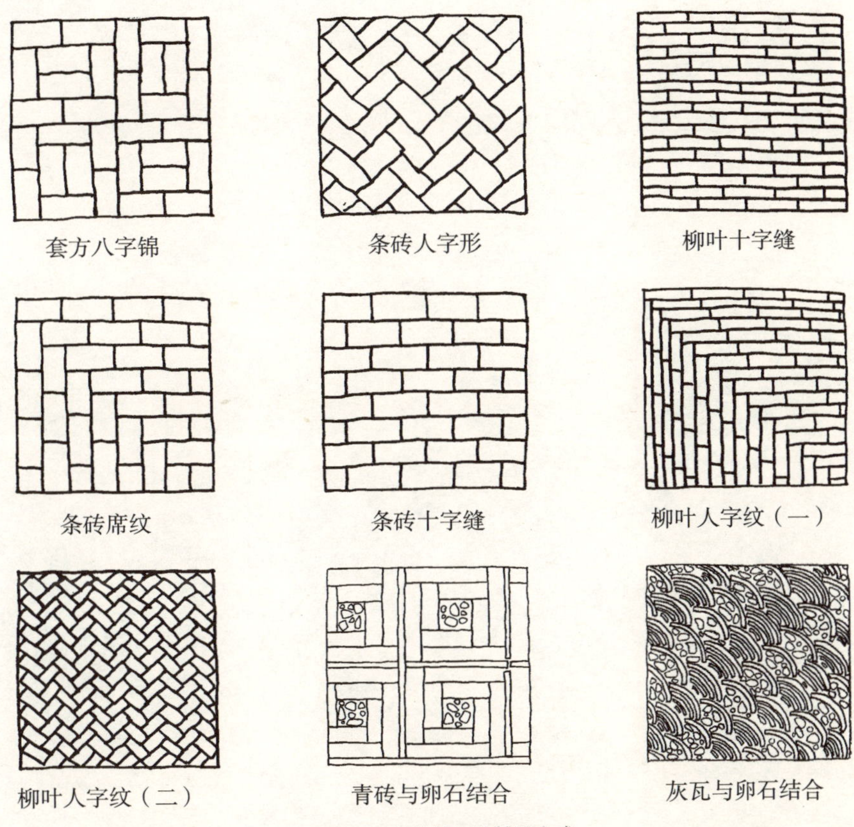

图 2-25　室外地面的铺设方式

灵活变通，以条砖或条砖和石材相互配合以构成各种地面构图，十分美观。但不论何种铺砌方式，均十分注意排水，一般中间高而四周较低，周边做排水明沟或暗沟通向宅外水道。街道或巷道的地面各地均普遍使用石材，根据街巷宽度使用石板的数量不同，最常见的是一横两卧的“三条石”做法，两侧和建筑邻接处用仄砖铺砌。

第3章 装饰·色彩

中国古典建筑装饰内容和形式丰富多彩，具有鲜明的美学特征。传统建筑装饰大致可归纳为彩绘和雕饰。彩绘具有装饰、标志、保护、象征等多方面的作用。彩画多出现于内外檐的梁枋、斗拱及室内天花、藻井和柱头上，构图与构件形状密切结合，绘制精巧，色彩丰富。明清的梁枋彩画最为瞩目。清代彩画可分为三类，即和玺彩画、旋子彩画和苏式彩画。古典建筑中对色彩的使用有着严格的限制，明清时期规定朱、黄为最高等级的色彩，一般的建筑上是严禁使用的。油漆颜料中含有铜成分，具有防潮、防腐和防虫等作用。雕饰是中国古建筑艺术的重要组成部分，包括墙壁上的砖雕、台基石栏杆上的石雕、金银铜铁等建筑饰物。雕饰的题材内容十分丰富，有动植物花纹、人物形象、戏剧场面及历史传说故事等。

3.1 装饰

民居建筑上的巨大成就很大程度地表现在建筑装饰方面，它具有极高的艺术价值和观赏价值。而被称为“三雕”的石雕、砖雕、木雕是最为重要的三种装饰工艺。装饰释放了建筑给人的重压感，使原本平直的梁架富于曲线柔和的韵味，使呆板刚性的建筑富于动感和生气。建筑的实用功能是不言而喻的，而其中蕴涵的文化内涵既依附于建筑实体而存在，同时又超越了建筑的实用功能。传统建筑雕刻紧密结合了建筑构架原则和各构件的造型，巧妙布局与雕琢，形成了一种独具特色的建筑结构方式和艺术形式。千百年来，工匠艺人赋予了建筑材料以灵动的生命，为后人留下了可以仰望和回望的身影。如果说传统建筑依然散发出祖先悠悠的生活气息，那么附着其上的各种砖木石雕则真切地镌刻下了他们的生活印记。如果说透视那些宏观的建筑布局与样式就能了解古人的生活状态，那么，聚焦这些建筑局部的雕刻则可以近距离地体味古人的内心世界。

北宋李诫《营造法式》将雕镌制度分为四种：剔地起突、压地隐起、减地平钑、素平。梁思成先生将剔地起突解释为“其雕刻母题三面突起，一面与地相连”，将压地隐起解释为“母题突起甚少，按文意，母题最高点似不突出石面以上”，将减地平钑解释为“母题的最高点与地相差甚微”，将素平解释为“石面平整无雕饰”。后人往往将这四种传统雕镌工艺简单理解为高浮雕、浅浮雕、线刻和不刻。随着雕刻技艺的发展，明清建筑雕刻又有圆雕、镂雕、深雕、透雕等富于透视、层次复杂的技法。

3.1.1　石雕

石雕，是以石为材料的雕刻。一般采用花岗石、大理石、叶蜡石等天然石料。对天然石材的装饰，可以追溯到人类产生之初，远古人类创造的第一件工具，就是将石头用敲击的方式加工成石斧，用以挖掘植物根茎。石雕是雕塑的源头，也是艺术的源头。石雕的雕刻工艺程序主要有选料、打磨工作面、构图、雕刻、完善等。关于石雕装饰，《营造法式》的石作制度中有规定："其所选华文制度有十一品：一曰海石榴华；二曰宝相华；三曰牡丹华；四曰蕙草；五曰云纹；六曰水浪；七曰宝山；八曰宝阶；九曰铺地莲华；十曰仰覆莲华；十一曰宝装莲华。或于华文之内，间以龙凤狮兽及化生者，随其所宜分布用之。"

徐州民居建筑石雕的材质以青石为主，多为青色茶回石，质地坚硬而细腻，经历几百年风雨侵蚀仍栩栩如生。小型的建筑石雕采用整石雕刻而成，大型的建筑石雕则采用分件雕刻后再拼接组合而成，建筑中采用石雕的部位，基本上在基座部分，如须弥座、石栏杆、柱础、门枕石等。而墙身部分也时常嵌入装饰性石雕，使建筑立面更加丰富细腻。独立体装饰艺术中石雕占有绝大多数，其中石狮、石鼓是最具代表性的，常立于宅院大门前，成为镇宅石雕。这些石雕都以镂空雕或浮雕，刻上珍禽异凤、游龙走兽，边上刻万字纹、斜方格等各种回纹图案。门楼柱础上刻有祥云波涛或仙鹤、奔鹿等图案，宅院墙上常嵌以石雕花窗，镂空雕上松竹梅或动物图案等。

徐州石雕在民居主要部位的应用如下。

1. 石狮子

徐州地区富甲商贩、高官贵族的民宅前都有一对不可或缺的石狮子。狮子是百兽之王，因其长相凶猛善斗，所以很早人们把它作为门前两侧的守护神。狮子并不是中国本土生长的动物，相传在1900多年前的汉章帝时期，安息国（今伊朗）国王派特使前来中国时，携带着当地的狮子作为国家礼物献给皇帝。狮子形态威武、性格凶猛，当时还将它作为异兽关在笼子里喂养。后来经过长期驯化，狮子不但繁种接代在中国定居下来，而且还成为了中国百姓喜欢的动物。

大门两侧的狮子都有一个共同的特点，即狮子分列在大门的左右，左侧为一只雄狮，足下按着一只绣球。右侧是一只雌狮，脚下抚着一只幼狮。绣球是权力的象征，幼狮代表子嗣，踩绣球戏幼狮，即表示“子嗣昌盛，世代为官”。这样的形式与安放形成一种固定的格式，凡在大门两边的狮子都这样布置（图3-1）。

狮子并不像龙那样被皇帝专享，比如在民间每逢节日或者是庆典时，百姓们都要耍狮子。在民居建筑上所看到的狮子装饰和宫殿建筑上的并不一样，在表现狮子装饰的部位上，比宫殿建筑要广泛得多；狮子的塑造形态，也比宫殿建筑多样而没有固定的样式。明清两代更是雕刻石狮的鼎盛时期。匠人们在长期的实践中创造出了千姿百态的狮子形象，无论是大门口的还是栏杆柱头上的石头狮子，它们的表情不再只是勇猛凶狠的一种模样了。特别是清代时期，石狮雕刻造型多种多样，雕刻手法纤细、精巧，

图 3–1　徐州户部山戏马台门前的石狮子

刀法圆润华丽，线条柔美、流畅。表情也更加温顺可爱，更有亲和力，加上狮身的姿态，表现出一幅逗人乐的滑稽形象（图 3–2）。

图 3–2　笑容可掬的石狮子

苏北民居特别是富甲商贩、高官贵族的民宅门外的石狮，大多体形高大，威严神武。毛发蓬松卷曲，怒目圆睁，呲牙咧嘴，体态雄浑健壮，昂首怒目，达到震慑外人、守家护院的目的。同时也体现了这些住宅主人们的身份、财势和他们的志趣。而普

图 3-3　造型简洁的门鼓子

通住宅大门旁立的石狮都比较小，一般门前的狮子大多不独立存在，而附设在门两边的门枕石上。把门枕石当做基座，石雕狮子蹲在座上与大门也很相配。有的大门是石鼓形的门墩，在圆鼓上雕着一只小狮，有的只雕出一个狮子头，也同样起到守护大门的象征性作用。

2. 抱鼓石

门枕石和石狮子一样，也是苏北民居石雕中大事雕刻的部位。门枕位于宅门的左右两侧，一般用石料加工而成，所以叫做“门枕石”，或称“砷石”，在《营造法式》中称之为“门钻”，并规定了具体的比例尺度和做法。最初门枕石的功能是承托门扇并使门扇得以转动，后来经过许多年的发展，这一具有实用功能的构件具有了装饰功能，不断增添了装饰艺术的成分，形制越来越扩大，雕饰越来越丰富、华丽，增加了门枕石的观赏性，以至使它成为一件精美的艺术品。在其向外突出的部分，雕作了石鼓、石狮、石几凳和其他多种形式。以雕鼓形石最为普遍，圆形的石鼓直立于门枕石的石座上，下面常以花叶托抱，所以又有“抱鼓石”、“门鼓子”等名称。

抱鼓又分为方形和圆形，方形称为“方鼓子”，也有的地方称为“石座”，有的雕饰繁复，有的饰以简单的花纹（图 3-3）。圆形门枕石也称为“圆鼓子”。圆鼓子比方鼓子形态复杂，因此雕刻也更有难度。整个抱鼓石可分为三个部分：鼓上部分、抱鼓本身和鼓座。抱鼓两侧的鼓面由于面积大，位置重，被作为整个抱鼓石的雕刻中心部位，一般作高浮雕。抱鼓石表面刻有很多精美的图案，它们借助人物、草木、动物、工具、寓言、几何图案，表达了民居的建筑者们希望长寿、富贵、驱魔、夫妻美满、家族兴旺的美好心愿。例如“鱼”和“余”、富裕的“裕”谐音，象征吉祥富裕、美好。雕“莲”和“鱼”的图案象征着“连年有余”。民间语言习俗，东、西、南、北与天、地，合起来称为“六合”，泛指天下。门墩上雕鹿、鹤两种动物及花卉，利用“鹿”“六”、“鹤”“合”谐音，与象征春天的花卉一起，表示“六合同春”的含义。

3. 石柱础

石柱础是垫在房屋柱子下奕弄的石料，它的主要物质功能一是将柱子所承受的房屋重量通过比土地更坚实的石料传递到地面；二是阻隔土地中的潮气，保护柱子不受潮腐烂的石质底座。早在约1万年至4000年前的仰韶文化到龙山文化之间的住房遗址上，就发现在房屋的木柱下面有扁平的砾石柱础。

柱础的物质功能，决定了石柱础的面积应该比柱子的底面积大，北宋李诫所著《营造法式》中专门著述了石柱础的形制，在法式“造柱础之制”中的第一句话就是“其方倍柱之径”，规定，方形柱础石边长为柱子直径的两倍。柱础的形状有方形、圆形或八角形，础身也分为单层、双层、三层，根据不同艺术需要进行或繁或简的雕琢。

石柱础的式样十分丰富多彩，常见的有覆盆式、覆斗式、基座式、圆鼓式等。覆盆式是柱础中最常见的形式，它盆底朝上，盆口覆在下面形成上小下大的覆盆，正好将较小面积的柱子过渡到较大面积的石柱础上。覆斗式是将斗栱中的坐斗倒置而成为上小下大的覆斗。基座式普遍地用在整座建筑的下面，所以它的形式整体上要比建筑物大，以便平稳

图 3-4　雕饰简单的石柱础

承托住上面的建筑。圆鼓式从上面看柱子放在鼓上，从鼓面到鼓肚，从小到大有稳定感；再往下，又从鼓肚到下面的鼓面，由大到小，视觉上显得轻巧。

石柱础处在人们容易看得见又看得清的地方，自然成了雕饰的重要部位。石榴、牡丹、莲花和龙、凤、狮子等动植物形象都是最常见的石柱础的雕饰图案。

然而在徐州传统民居建筑中却并没有对柱础大事雕刻，造型也极为简洁大方，大多用素平覆盆，不加雕饰，也有少许线雕或浮雕，但图案亦崇尚简单质朴（图 3–4）。

4. 石窗

唐代诗人马戴的《寄云台观田秀才》云："云压松枝拂石窗，幽人独坐鹤成双。晚来漱齿敲冰渚，闲读仙书倚翠幢。"如此看来，石窗的历史最早可追溯到唐代。石窗又称为"石花窗"、"石漏窗"，石窗造型丰富多彩，灵活生动，有极高的审美价值。究其功能而言，一是应用于园林、会馆、寺庙等公共建筑；另一个是在民居中应用于厨房等处作为气窗使用。

同其他中国传统建筑中的石窗一样，徐州传统民居的石窗纹样也丰富多样，几何形、动植物、人物、文字无所不能，或粗犷，或细腻，或简约，或繁复，其工艺水平和美学价值足可媲美于木格窗，是当之无愧的传统建筑门窗中的瑰宝。石窗的雕刻纹样图案从广义上讲有几何形、动物、植物、人物等多种形式，在结构上有单独纹样、二方连续纹样、四方连续纹样和混合型纹样等（图 3–5）。

图 3–5　纹样丰富的石窗

以金钱窗为例，金钱也称古钱，最早是战国时期，秦始皇为统一货币而制的圆形方孔的铜钱，意为“外法天，内法地”。古钱又称泉，因泉与全音同，所以两枚古钱就谐音为“双全”，十枚则称“十全”。古人把金钱之形刻成窗，每一种形态都有特定的吉祥语，钱孔一至十的称呼为：一本万利，二人同心，三元及第，四季平安，五谷丰登，六合同春，七子团圆，八仙上寿，九世同堂，十全富贵。如图 3–6 所示。

5. 沟门、沟漏

沟门镶嵌在墙的表皮靠近地面的地方，既能为民宅起到通风排水的作用，又可以防止小动物进入，而且还为民宅的整体外观添上了别致的一笔。沟门一般雕作“卍”万字图案，“卍”从形状上看似几何形纹饰，从其上下、

图 3–6　金钱窗

四端延伸出各种连续纹样，在中国“卍”字符号大都是逆时针循环样式，意为绵长不断，有“富贵不断头之意”；从数字来看还是多的意思，从谐音角度也可引申为万事如意、万寿无疆等赐福之意。“卍”字纹属几何纹类型，组合后有：单个万字、双万字、四个万字、六个万字及与其他纹组合，甚为丰富。

沟漏是庭院中的排水口，多设在住宅天井的四角。沟漏是为了防止杂物流入水沟以堵塞水道，而设的一块过水小石板，石板雕刻成空透花纹，一般雕作古钱币造型，与金钱窗意同。

3.1.2　砖雕

砖雕的加工对象是砖，它是模仿石雕而出现的一种雕饰类别，由于它比石雕省工、经济，故在民居建筑中逐渐被采用。但砖雕的材料色泽不如石材，虽然它刻工细腻、题材丰富，但仍不为官府所采用，却在民间广泛流传。北宋《营造法式》中有关砖雕的记载：“事造剜凿”即指砖雕，当时人们称砖雕为“斫事”。明代造园大家计成的《园冶》中也有关于砖雕的记载：“历来墙垣，凭匠作雕琢花鸟仙兽，以为巧制……”。

砖雕的用料与制作极其考究，是质地坚细的青灰砖上经过精致的雕镂而形成的建筑装饰，制砖时要精选泥土，筛除沙粒，然后烧制而成。由精致的砖到砖雕作品，期间至少有四道工序：一是磨面，把砖的表面打磨得细如青玉；二是构图，在砖面上凿勒出作品的最初轮廓；三是雕刻，根据构思雕刻轮廓的作品；四是完善，打磨雕刻工作面及修补雕刻时的刀误。主要指用凿子或木锤在砖上钻打雕琢出各种历史人物、戏剧故事、花鸟、林园山水、龙虎狮象、书法等图案，形成丰富的图案，使建筑深深地刻上民族文化、地方文化的烙印。砖雕有平雕、浮雕、立体雕、壁雕、脊雕、屏雕、扶栏雕。明代砖雕的风格粗犷而朴素，明末清初的砖雕风格日渐细腻繁复，注重情节和构图，透雕层次加深。这一技艺在见方尺余、厚不及寸的砖坯上雕出情节复杂、多层镂空的画面，从近景到远景，前后透视、层次分明，最多约有九个层面，产生出精妙无比的美感。

砖雕的题材内容大致可以分为以下几类：

(1) 吉祥富贵的图案。展示人们对美好生活的向往。以蝙蝠、鹿、喜鹊、如意等分别组成图案，各有其讲法和寓意。

(2) 展示花卉的图案。如梅兰竹菊，这是我国的传统名花，称为“园林四君子”。还有雕刻石榴、葫芦、葡萄图案的，其寓意是多子多孙，人丁兴旺。

(3) 民间传说与神话故事。这类人物故事题材的砖雕作品为数极少，有麒麟送子、马上封侯等图案，内容丰富多彩。

构成砖雕的砖历史悠久，早在公元前5世纪的战国时期就出现了刻着花纹的砖，到秦汉时期就已经广泛使用于墙体和地面了。砖雕俗称“黑活”，不受等级制约，因种种原因不能被官式建筑采用，却在民间广为留传，其原因是砖雕较石雕省工、经济，却具有石雕的刚毅质感，同时其质地较石材软，能够深入刻画，体现出木雕的柔美质感。刚柔结合、质朴清秀是砖雕的风格，因而广为深受等级制约的民间建筑的欢迎。砖雕的另一个特点是与建筑的融合与统一。因砖雕的材料与墙体材料同为青砖，色调和施工技术高度统一，仿佛墙体上生长出来的装饰，自然而完整，是别的材料无法代替的。

徐州民居砖雕依据建筑需要被雕刻成长方形、正方形、圆形、三角形、梯形和各种不规则形状。其艺术风格与徐州人的性格相同，具有朴拙、厚重、坚实、稳固的特点。无论是花卉草木还是人物形象，都具有强烈的立体感，各种角色呼之欲出。雕法也运用得淋漓尽致，常常在一块砖上运用线刻、浮雕、圆雕、透雕等多种高难度的雕刻技法，来达到完美的统一。徐州砖雕艺术本来是依附于建筑而生的，但由于其固有的艺术价值而发展成为一种独立的建筑艺术形态。

徐州砖雕在民居建筑中的主要部位的应用如下。

1. 门楼、门罩砖雕

徐州传统民居建筑的门楼雕刻主要是集砖雕、木雕于一体，这里主要介绍砖雕部分。跟其他地方的传统建筑一样，徐州传统民居中的少数官宦或权贵人家的建筑大门则被人们重视，是砖雕刻的重点装饰部位之一，雕饰精美，突显权贵和地位（图 3–7）。大部分建筑或宅院的大门装饰一般采用灰砖青瓦，较简单朴素或者无雕刻（图 3–8）。

按门楼的建筑风格，分为四脚落地式门楼、牌楼式门楼、过道式门楼和脊架式门楼。这些门楼结构都相对比较复杂。除上述风格的门楼，在我国南方地区还出现了比较简单的门楼，也称为“门罩”。即仅在大门外框上方，用青砖垒砌成装饰，在顶部以砖瓦砌出仿木结构的出檐，并镶嵌有简单的砖雕。既具有一种装饰美，同时也具有挡住墙面上方留下的雨水，

图3-7 户部山权谨牌坊

图3-8 简单朴素的大门

避免门上方的墙壁受潮的实用功能。

按照建筑风格的不同，门罩也分为门楣式门罩和悬柱式门罩等不同类型。门罩的装饰较为简单者，仅在顶端以砖瓦砌出简单出檐以闭风雨。一般门罩顶上都用青瓦翘檐，用以挡住下雨时墙面上流下的雨水。门罩上的砖雕一般上半部刻得比较深，下半部浅，巧妙地利用了光线的投影而使画面凹凸感增强（图3-9）。有的瓦檐下用水磨青砖嵌砌着对称而又富有变化的图案，多见于构图复杂多变、以人物为主体、衬以亭台楼阁的图案；也有的门罩追求繁复的装饰效果，把门罩做成垂花门式，左右两旁各置一垂莲柱，中间用两层横枋联系，檐下用雕刻的飞檐支承，额枋下有砖雕斗栱，一般用深浮雕的方法，也有讲究的在额枋上嵌以圆雕的人物或狮、龙、凤等吉祥动物的图案（图3-10）。

另外，二层挑台的栏板也是砖雕的重点部位。砖栏板与石栏板不同，

图 3-9　门头砖雕（植物图案和“卍”号连续纹样）

重量轻，雕刻更加细腻，由数块砖拼接而成。作用类似于现在的装饰面砖，贴于主体围护构件之上，装饰性极强。砖雕所使用的材料是质地细腻的水磨青砖，其质地比较松脆，一半取高浮雕和镂空雕技法，刀法简练，以增加浓重的装饰性。

2. 影壁

中国传统民居建筑更需要内院的私密性与宁静的环境，出入之“门”一开，对于宅主人来说，就有点过于暴露了。于是古代建筑家就在门前造墙以作为院内景色的屏障，这座墙就叫做影壁。

影壁是装饰于院落内外作为屏蔽的独立的墙体，它位于一组建筑大门的里面或者外面，正对着大门，并与大门保持一定的距离。它是内院的一

图 3-10　垂莲柱牌坊

图 3-11　门内的座山影壁

座屏障，又是进入住宅的第一道景观，所以这座影壁的装饰十分重要。也有的把内墙称为门内影壁，外墙称为门外影壁或者外照壁。门内影壁分为座山影壁和一字影壁两种形式。座山影壁位于大门内与大门相对的山墙上，仅有壁顶的瓦面、中脊及底部的壁座凸出墙面。一字影壁是一座独立的墙体，位于大门的内侧。门内影壁有实用和精神慰藉的双重属性。旧时人们认为自己的住宅中，不断有鬼来访。自己祖宗的魂魄回家是被允许的，但如果是孤魂野鬼溜进宅子，就要带来灾祸。认为在门内设置影壁后，鬼看到自己的影子会被吓走。当然影壁也有实用功能，即遮挡外人的视线，外人看不到宅内。同时门内影壁也有分割庭院空间、防冲风作用，烘托了宅内气氛，增加了住宅气势（图 3-11）。

门外影壁的名称根据平面形式又可以分为以下几种类型：一种是坐落在宅院对面，或独立于对面宅院墙壁，或借用对面宅院的墙壁，使进出大门的人有整齐美观的感受。另一种是“三滴水影壁”。外观是三段平整的壁面，中段高宽，两端相对矮窄，形似牌坊。常见于富商大贾、官宦门邸之前。

影壁的装饰部位有：壁顶、檐口、壁心等，而壁心又是整个影壁的装饰中心。砖雕分布于壁心的中心和四角上，中心称作“盒子”，四角叫做“岔角”。影壁心分硬心和软心两种做法。硬心做法是在心内贴砌斜置的方砖，俗称“膏药幌子”，在影壁心正中雕有中心花，四角雕岔角花，题材多为四季花草、岁寒三友（松竹梅）、福禄寿喜等（图 3-12）。软心做法是在影壁心的中心和四角镶嵌砖雕花饰，其他部分抹饰白灰面层。位于大门内

图 3-12 住宅门外影壁

侧的影壁，中心花部位还常雕出砖匾形状，其上刻“福禄”、“吉祥”、“平安”等吉辞。

徐州民居的影壁多为独立的短墙，有正对大门的影壁，也有对着小院门的小型影壁。富户豪家门前、门内影壁均规模宏大、雕镂细致，呈现出一种华美之风格。而普通百姓家的影壁，多以粗砖碎石砌筑而成，较小雕镂，而且雕刻并不繁复，简洁而利落，偏重于实用性。雕饰题材以瑞兽和花卉以及“福”、“寿”等吉祥文字为主，体现了朴质之美（图 3-13）。

3. 墙上砖雕

这是设在墙上的专供观赏的砖雕艺术品，它们没有物质功能，单纯是一件建筑上的装饰。这类砖雕有大有小，大的独立安置在墙上，小的与其他装饰组合在一起。它们的位置都设在建筑的明显部位，以能充分地发挥本身的作用（图 3-14）。

图 3-13　朴素的座山影壁

图 3-14　墙上瓦当砖雕装饰

山墙也是徐州传统民居建筑上的雕饰重点，由于离地面较高，所以人站在远处就能清晰地观赏到，这样也更能显示出住宅主人的权势和地位。砌筑山墙上的装饰主要表现于仿木结构的博风板上。人字形的博风板紧靠山墙的上檐，在它与屋顶的垂脊之间有的还加了一道屋面瓦当的勾头与滴水，起美化和保护建筑的作用。瓦当图案一般雕花草鱼虫，或虎头龙身等传统吉祥符号，象征人们求神祈福、吉祥如意、千秋长安的理想。勾檐滴水瓦当图案题材多种多样：如翰林府的“锦上添花”、“鱼跃龙门”，余家大院的“年年有鱼”，状元府的兰草，魏家园的菊花，都代表了不同的寓意（图 3-15）。有些讲究的山墙，沿着山墙中央的轴线加了一块砖雕，多用植物枝叶、花朵和龙狮等作装饰，此处也大多采用高浮雕的形式，注意大效果的处理（图 3-16）。

墙檐是墙上端与屋顶相交的部分。如果墙上端不与屋顶相接而成为凌空的山墙或者院墙，那么墙的上端称为“墙头”（图 3-17）。墙檐、墙头

图 3-15　屋面瓦的勾头滴水

的基本形状是最上面有一层瓦面，瓦头挑出于墙体以免雨水淋湿墙面，在墙的上端用几层挑出的砖相叠支托着伸出的瓦头。有的墙上端不用挑砖而用砖斗栱支托瓦头，这种斗栱形式可简可繁，可以是一层或者两层，有的在挑砖或斗栱下，在墙上抹了一层白灰面，在长条的白灰面上加以彩绘。这瓦头、斗栱、白灰面组合在一起，成为墙头一道绚丽的花边，通过这些不同式样的斗栱、挑砖，不同花饰的抹灰边条，使简单的墙檐、墙头也变得丰富多彩，在蓝天绿树的衬托下，显得魅力动人（图 3-18）。

墀头是硬山山墙突出于檐下的装饰部位。墀头上部的和盘头下的垫花，外形方正而且幅面大，又是檐下的突出部分，因而成为砖雕装饰的重点。但是徐州民居建筑中无论是官宦人家的还是平民百姓家的住宅在墀头的雕饰方面都极为简洁，大多用简单的几何图案以连续纹样的形式出现，非常朴素大方（图 3-19）。

4. 屋顶砖雕

屋顶砖雕主要用于装饰屋脊和各种脊饰。屋脊是屋顶装饰最集中的

图 3-16　山墙雕砖花饰

图 3-17　墙头砖雕装饰

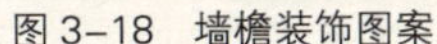

图3-18　墙檐装饰图案

图3-19　墀头雕砖花饰

部位，无论用庑殿、歇山、悬山，还是硬山式屋顶，只要不是卷棚式，都有一条正脊，所以正脊的装饰成了重点。砖雕脊饰种类繁多，不同地区风格各异。按照清代的官式做法，正脊上除了左右两端的吻兽外，中央不加装饰。但是许多地方的乡土建筑却没有这样的限制。正脊除左右两端外，中央也可以加装饰。在一些比较讲究的住宅上，有时也用琉璃、陶塑等材料和技法进行装饰。正脊的左右两端都有鸱吻，鸱吻由龙头、龙尾组成，龙头向外，翘首直望苍穹，有的龙尾也朝上竖立，使得鸱吻具有很强的动势，仿佛带着长长的屋脊腾空欲飞（图3–20）。鸱吻之间的正脊上多用植物纹样装饰，它们用烧制的砖块拼接而成，每一块砖上都刻有相同的植物枝叶和花卉，它们左右相连，形成一条连续的花带，由于屋脊离地面较高，所以这类花饰多用起伏较大的高浮雕，有比较明显的装饰效果（图3–21、图3–22）。

图 3-20　屋顶装饰

除建筑的屋顶加以装饰外，建筑的大门多位于显要之处，标志着建筑的主人的权势和财富，所以门上的屋顶也是重点装饰的部位。广亮大门和如意门门楼上的房瓦既坚固又美观，有些为板瓦组成的合瓦，有些为筒瓦。一些房瓦还雕刻有“吉祥”、“喜”、“寿”等文字以及盘长、蝙蝠、荷花等图案。尤其是一些老宅门历经百年风雨，至今屋脊和房瓦保存完好。门楼屋脊也是很讲究的，分清水脊和过垄脊两种。清水脊在屋脊两端一左一右对称翘起，斜伸对天，脊长 40 ~ 60cm，名为“朝阳笏”，俗称“蝎子尾”。下座配花草砖，砖雕图案多为竹、松、梅、牡丹等。中小型门楼清水脊所

图 3-21　正脊的植物纹样装饰

图 3-22　正脊上的各种吻兽

配的花草砖工艺相对简单。过垄脊门楼为数也不少，即在门楼顶部两端砌脊，两端没有翘起，从侧面看顶部呈“人”字形（图 3-23）。

徐州户部山古民居的屋脊构件十分复杂，多为砖块现场加工而成，或翻模制成图案直接烧制，厚实而坚固。一般屋脊的两脊不是高高翘起，而是微微起翘，线条流畅柔和，庄重中透出徐州人不卑不亢的性格、和平而自然的心态（图 3-24）。这也是南北建筑在徐州交流融合的一个例证。重

图 3-23　门楼屋脊装饰

图 3-24　微微起翘的屋脊

图 3-25　五脊六兽

要房屋的屋脊都装有兽头，一般为五脊六兽，在正脊两端各安一个正脊兽，四个垂脊的三分之二处各安放一个垂脊兽（图 3-25）。比五脊六兽高一等的是插花兽，正脊兽头上安装兰草状铁花（图 3-26）。比插花兽再高一级的是插花云燕，即在正脊兽头上立一根铁柱，上镶三至五层铁制云朵，作为铁柱的分枝，铁柱上还镶有一对铁制耳牙，铁柱最顶端有铁制的飞燕，故名“插花云燕”。兽头、插花兽、插花云燕都是屋脊的装饰品，都体现严格的等级观念。一般屋主人取得功名，兽头和云燕才能张开嘴，否则只能用闭嘴的兽头和云燕。

3.1.3　木雕

木雕是利用各种木材雕制各种形象的艺术品和实用品的雕刻艺术。中国木雕在史前就已出现。在距今六千多年前的河姆渡文化遗址中，就曾出土过诸多木雕器物。在秦汉、唐宋时期木雕有广泛的发展。直至明清时期，木雕进入鼎盛时期，建筑木雕、观赏性木雕、民间实用器具上的木雕水平都达到了相当的高度。而在三千多年前的殷商时代，木雕在建筑中就已出现。明清时期，贴雕和嵌雕手法的出现，将建筑木雕艺术推至顶峰。

木雕艺术对于木材的要求很高。古代遗留的木雕，如家居、陈设观赏用品、佛教用品以及规模形制较大的建筑木雕，材料的首选大都是质地较硬的贵重木材，包括紫檀、樟木、花梨木、红木、楠木、黄杨木等。紫檀也称“青龙木”，切面呈棕紫色，坚硬细致，深沉古雅，是木雕的珍贵木材。樟木，也叫香樟，分黄樟、红樟、灰白樟、乌肚樟四种，尤以黄樟最适合木雕，木质坚韧细腻，纹理清晰，不变形、不虫蛀，也是木雕的上好材料。

图 3-26　插花兽

花梨木，也称“花榈”、“降香黄檀”，俗称“黄花梨”，与紫檀相似，色似琥珀，现已不多见。红木，质地坚硬，纹理细密，适合做家居小件。楠木，分水楠木、香楠木、金丝楠木三种，尤以金丝楠木最为名贵，木质坚硬，不虫蛀，不易腐蚀。黄杨木也称“瓜子黄杨”，木质坚韧细密，色泽纯正。由于建筑中实用的木材体量较大，上述木材较为稀有，且生长缓慢，所以在建筑中并不普遍实用。建筑木材一般根据不同的位置用料，同时也会考虑装饰的需要。最为常见的传统建筑用料主要是硬杂木以及木质略松软的木材，如榆木、柞木、楸木、红松、椴木、杉木等，既符合建筑的力学要求，又易于作建筑中的木雕装饰。

建筑木雕一般分为大木雕刻和小木雕刻两类。大木雕刻主要是指屋架、牌楼的梁、柱、额枋、斗栱、雀替、须弥座的雕刻，小木雕刻则是填塞屋架以内空间的门、窗、格扇、挂落、裙板、桌、椅、床、凳之类的雕刻。在小木作雕刻里边，做纯粹木雕活的又叫雕花匠；还有一种做门窗格扇的棱花花心，更多的属于木工活计，亦称棱花匠。传统建筑以木为材，强调构架的组合方式，使每一个部位都成为雕刻的场所，无论是梁、枋、柱等大构架，还是天棚、栏杆、门窗等，甚至门簪、牙子等小部件，都有雕刻装饰。由于各木构件位置、功能、形状的差异，雕刻手法与题材内容也有所不同。

传统木雕技术早在《周礼 · 考工记》中就有记载，北宋李诫的《营造法式》按雕刻技术把木雕分为混雕、线雕、隐雕、剔雕、透雕五种。混雕即圆雕，是一种完全立体的雕刻，一般无背景，有完整的体积，可以从各个角度欣赏，题材多取人物、动物等。线雕是一种线刻技术，是“就地随刃雕压出花纹者”，接近于绘画的白描效果，清淡雅静。隐雕与剔雕相似，都属于浮雕，强调起伏感与层次感。透雕也称镂空雕，是将纹饰图案以外的部分去掉，塑造出空间穿透效果的雕刻手法，这种工艺能雕刻具有通透性和空间多变效果的形象，所雕纹饰玲珑剔透。

明清时期的雕刻比宋代更加繁琐，增加了木雕的雕刻形式，如“采地雕”和透雕，并在此基础上创造了贴雕和嵌雕工艺。“采地雕”即“剔地起凸”的雕刻手法，又称落地雕刻，它所呈现出的纹饰具有起伏感，层次分明。透雕也称通雕、拉花、深浮雕，工艺要求比较高：要先在材料上绘成花纹图案，然后按题材要求进行琢刻，需要透空的地方就拉通，需要凹凸的地方便铲凿，形成大体轮廓后磨平至光滑，再进行精细加工，这种雕法一般多用在隔扇、屏罩、挂落和家具上。贴雕是把需要的花纹用薄板细致地雕刻出来，再用胶粘贴在平板上。嵌雕，又称钉凸，它是先在木构件上通雕起几层立体花样，然后为了增强立体感，再在透雕构件上镶嵌已做好的小构件，逐层钉嵌，逐层凸出，最后再细雕打磨而成。角梁、斗栱因其高度较高多采用透雕和剔雕。斗栱多被雕刻成八宝莲花，其端头被雕刻成“龙、凤、花、草”。门窗为了考虑通风和保温，裙板多为花卉和人物类线雕、隐雕，也有少许为素平。室内屏罩为了考虑空间的通透及气的流通而采用透雕的手法。家具与陈设手法多样，集各种雕刻手法于一身，造就了无法衡量的艺术价值。

传统的建筑木雕有很严格的工艺流程。首先是取材选料，这一步很关键，它受建筑结构的制约，决定了雕刻的风格和形式。这要由经验丰富的工匠根据建筑用料进行选择。选好的木材经脱水处理后，要进行粗坯雕、细坯雕、修光等加工。进行雕刻时，先要放样、打轮廓线；随后进行脱地、分层次、分块面。最后进行细坯雕、打磨、细部雕刻等，雕刻完成后还要上色或上漆。整个过程多达几十道工序，时间也因雕刻的精细程度而不同。

建筑木雕同建筑石雕、砖雕的题材和纹样大致相同，都包罗万象，大都借用隐喻、比拟、谐音等手法来表现一定的寓意、内涵。概括说来，建筑木雕的题材内容主要包括伦理教化、祈福纳祥、民俗风情等方面。伦理教化是建筑雕塑中最具有精神意义的题材，多为历史故事、神话传说等，借以弘扬人伦之轨、儒家之礼等。祈福纳祥主要表达了人们对生活的企盼和祝福，体现在福、禄、寿、喜、才等多个方面，内容包括功名利禄、延年益寿、多子多孙、招财进宝等。民俗风情则是人们对现实生活的颂扬和美好生活的向往，这类题材主要表现在传统民居住宅中，多刻画农忙、节日等生活场景。在建筑木雕中，从纹样和装饰部位来看，建筑构件中相互连接的部位或狭窄的位置，以程式化的纹样为主，如几何纹、字符、博古等。面积较开阔的梁枋、隔扇等部位，题材和纹样更加多样，人物故事、祥禽瑞兽、山水花鸟、祥瑞宝器、福禄寿喜等都有出现。

根据木雕所处的建筑环境，同我国其他地方的传统建筑一样，徐州的传统民居建筑也不例外，建筑木雕主要分为三类：梁架雕刻、檐下雕刻、门窗雕刻。

1．梁架雕刻

梁架是中国传统木结构建筑中的骨架形式，包括柱、梁、檩、枋、椽以及附属构件等。单体建筑中的结构方式一般是在垂直立柱上设置梁枋，圈制出“间架”，在主梁之上通过瓜柱筑起层层短梁来支撑檩条，檩条贯通“间架”的两端，从梁架顶部以次降至檐枋，最后檩条之上设椽，这样就完成了整栋房屋的构架。梁架雕刻，主要包括梁托、瓜柱、柁墩、天井等构件雕刻。梁架是传统木结构建筑中的骨架形式，其在室内的结构通常暴露无遗，是雕刻或彩绘的常见之处。以梁架为主体，周围有各种各样的小型木构件，所谓“雕梁画栋”说明了梁架装饰的丰富。

1）梁

梁是建筑中架设于立柱之上的横跨构件，它承受着上部构件及屋面的全部重量，是上架木构件中最关键的部分。清代把与房屋正面垂直方向的称为“梁”，平行方向的称为“枋”，但并不绝对，一般通称为“梁枋”。梁部的雕刻多集中于梁枋的中央与两端，采用浮雕、采地雕、线雕等。题材包括人物故事、生活场景、花草鸟雀、祥禽瑞兽、建筑房舍等，有的保持原木本色，有的雕刻后设色沥金。

2）檩

檩是建筑中架设于两幅梁枋之上承载椽子的圆木，也称“檩条”、“檩子”。很多地方把檩也称为梁。一座建筑中有很多根檩条，根据所处位置的不同，又分脊檩、金檩、檐檩等。檩部的雕刻面积相对狭小，内容多为花卉草虫等程式化的吉祥字符等。

图 3–27　木梁部件花草图案雕饰

3）柱

柱是传统建筑构架中最主要的构件之一，它几乎垂直承受着上部所有的重量。古建筑中柱一般有圆柱和方柱两种，都由原木加工而成。柱有长有短，有粗有细，根据位置、作用不同，有不同的形状与名称。位于建筑物最外围,用于承载屋檐部分重量的柱子称为“檐柱”;檐柱以内的称为“金柱”，金柱又有外围金柱和里围金柱之分。位于建筑物纵向中线上，直接支撑脊檩的柱子称为中柱；支撑屋面出檐的柱子称为擎檐柱；另外还有山柱、瓜柱、童柱、角柱、廊柱等。垂花柱也称垂莲柱，是悬挂于垂花门麻叶抱头梁下端、由纵深穿插枋悬挑的柱式构件，它是垂花门最有特色的装饰构件。垂花柱头一般有圆形和方形两种，圆形的多为倒悬的垂莲花、风摆柳、四季花等雕饰，方形的四面贴“鬼脸”，作四季花之类的雕饰。徐州传统民居建筑中檩条和柱一般都很简单朴素，并无多加雕饰。

4）梁架附属构件

梁架还有一些附属构件，如柁墩、瓜柱、角背等。柁墩是两层梁枋之间用来垫托的构件。当两层梁枋之间距离较远时，柁墩增高变为短柱，即瓜柱或童柱。角背是瓜柱的辅助件，位于瓜柱两侧，用来增强瓜柱的稳定性。这些附属构件在梁架上都有不同程度的雕饰（图 3–27），因雕刻的形制不同，其形式也多种多样。如将柁墩做成盆状，或是雕刻成人物或动物状。瓜柱立于梁背，将柱角分开跨于梁上做成燕尾瓜柱。

传统建筑中的梁架常常采用“砌上露明”的方法，将其暴露于外，这使雕刻与彩绘装饰得以实现，或“素面朝天”，显露本色之美；或“雕梁画栋”，

为建筑锦上添花；或二者兼而有之，使建筑更具艺术美。

2．檐下雕刻

檐下雕刻是传统建筑中最为突出的部分，尤其是斗栱、额枋以及雀替、撑栱等构件，不仅在建筑中起支撑的作用，而且也是展示建筑雕刻的主要部位。

1）斗栱

斗栱是传统建筑中以榫卯结构交错叠加而成的承托构件，它是体现建筑风格的形式因素。斗栱位于柱顶、额枋、屋顶之间，是立柱与梁架之间的关节。林徽因在她的著作《林徽因讲建筑》中曾经这样描述："椽出为檐，檐承于檐桁上，为求檐伸出深远，故用重叠的曲木—翘——向外支出，以承挑檐桁。为求减少桁与翘相交处的减力，故在翘木加横的曲木—栱。在栱之两端，或拱与翘相交处，用斗形木块、斗、垫托于上下两层拱或翘之间。这多数曲木与斗形木块结合在一起，用以支撑伸出的檐者，谓之斗栱。"如图 3–28 所示。

图 3–28　一攒斗栱

斗栱由斗、栱、昂等构件组成。斗即上部凿有槽口的斗形木块。根据位置和功能不同又有不同的名称，按在建筑物中的位置划分，斗栱分两类：

图 3-29　斗栱上稍加雕饰

在建筑物外檐部位的称为外檐斗栱，处于建筑物内檐部位的称为内檐斗栱。栱是安置于斗面十字斗口内的曲形短木，有向内外挑出的纵向“翘”（华栱）和与其垂直的横栱之分。根据位置的不同，有不同的称谓，有华栱、泥道栱、瓜子栱、万栱等。在不同的斗栱中每一种栱的尺寸、形状也不尽相同。昂是由商周大叉手屋架演变而来的斗栱构件。宋代建筑斗栱的昂部还很长，下伸至斗栱的外端，支撑前檐；上至中桁檩下部，挑承梁底；以斗为支点，前檐和桁檩的重力保持均衡，起到了杠杆的作用。到明清时期，昂逐渐演变成一种纯装饰的构件，由大变小，由长变短，由雄壮变得秀丽细长，由简单变得繁密，并且雕刻成各种形象，如龙头、凤首、象鼻等。一组斗栱称为“攒”，一攒斗栱通常由方斗、曲栱、斜昂等几十个甚至上百个构件组成，纵横交错，层层叠叠，构成了中国传统建筑的奇观（图 3–29）。

2）枋

枋是传统建筑中辅助稳定柱与梁的联系构件，有某种承重的作用，同时也是雕刻的重要部位。额枋是用于建筑物檐柱柱头间的横向联系构件。早期的额枋多为一根，称“阑额”，到后来在其下部增设一根较细的枋，因此又有了大额枋和小额枋之分，并在额枋之间设置额垫板。联系檐柱头与金柱头的称为随梁枋、穿插枋，脊檩下部有脊枋，金檩下部有金枋。另外还有其他功能的天花枋、承檐枋、关门枋等。

额枋部位的雕刻工艺十分精彩，采用浮雕、镂空雕、线雕等多种手法，题材也颇为广泛，历史人物、戏文故事、祥禽瑞兽、卷草花卉、祥瑞宝器等应有尽有（图 3–30）。

图 3–30　额枋上的精美雕饰

3）雀替

雀替，又名角替，是传统建筑中位于柱头与梁、枋交搭处用于承托梁、枋的建筑构件。据推测，雀替由拱形替木演变而来，一般成对称形式，像展开的双翼附于柱的两侧。宋代以前，雀替有两种形式：楔头雀替和蝉肚雀替。明代以后雀替广为使用。到清代雀替已成为一种风格独特的构件。清式雀替做法是做半榫插入柱子，上侧钉置在额枋底面，上面雕饰花草、鸟兽以及人物等装饰，装饰作用也由此替代最初的实用功能。传统建筑中雀替有多种形式，跨度较小的两柱之间，两雀替较长并对接起来，称为“骑马雀替”；园林、民居廊下玲珑、精美的透空格子或花卉装饰，称为“花牙子雀替”；在大式建筑做法中，梁与随梁枋之间还有隔架斗栱雀替。雀替部位的雕刻题材以花卉鸟雀、卷草龙凤为主，工艺主要为镂空雕。

4）撑栱

撑栱是位于檐柱外侧，斜向支撑挑檐檩、枋的檐下木构件，又名“托座”。因形似牛腿，民间也称“牛腿”。最初撑栱仅仅是一根斜木杆，后来稍加雕饰，明代被斜木块所代替，雕刻也渐渐精细繁杂，并且增加了挑木及斗栱等，形式越来越复杂，逐步成为建筑雕饰中的主要部位。撑栱部位多采用半圆雕、镂空雕、浮雕等。题材内容有人物动物、祥禽瑞兽、卷草花卉、祥瑞宝器等（图 3–31）。

5）柱的附属构件

附属于柱的构件很多，有栏杆、挂落、花罩、碧纱罩等。栏杆，宋代称“勾栏”，也写作“钩阑”，在古建筑中起围护和装饰作用。根据位置不同，栏杆分为一般性栏杆和朝天栏杆两种。一般性栏杆多在回廊中安装，起拦挡围护作用；朝天栏杆则是指安装于建筑屋面边缘的栏杆，主要起装饰作用。依据构造特点，栏杆又分为寻杖栏杆和花栏杆等。寻杖栏杆由望柱、寻杖扶手、荷叶净瓶、绦环板、中下枋以及地袱组成，是一种集装饰与围护于一体的栏杆类型。花栏杆由望柱、横枋及棂条花格组成。

图 3–31　具装饰功能的撑栱

花栏杆的样式非常多，按计成《园冶》中的样式划分，有笔管式、波纹式、梅花式、尺栏式等。最简单的一种用横木条做棂条，称为直档栏杆。棂条花格有套方、“卍”字花纹、亚字文、井字纹、盘长等。

挂落，又称“楣子”或“倒挂楣子”，是装置于廊柱间檐枋下的木制花格。挂落由边框、棂条以及花牙子等构件组成。边框、棂条尺寸根据具体环境而定，挂落棂心样式多种多样，主要有套方、卍川等。花牙子安装在挂落底边两角，常采用镂空雕，纹饰有草龙草凤、花鸟等。

花罩、碧纱罩是室内依附于柱子来分隔空间的雕花装饰构件，古代建筑居室内的花罩有几腿罩、栏杆罩、落地花罩等。几腿罩由槛框、花罩、横陂、栏杆组成，常用于进深较浅的房间。栏杆罩由槛框、大小花罩、横陂以及花牙子组成，有四根落地的边框，将立面分为三开间，中间为主的形同几腿罩，两侧空间上安花罩，下安栏杆，常用于进深较大的空间。落地花罩形如栏杆罩，只是两侧安装隔扇，隔扇下设置须弥墩。落地花罩是几腿罩的变化形态，是花罩沿边框向下延伸至须弥墩上。

3. 门窗雕刻

门窗在传统建筑中属于小木作。门供人出入及迎来送往，窗用来通风与采光，另外它们还承担着建筑围护和空间分隔的作用。老子的《道德经》中说："凿户牖以为室。当其无用，故有之以为利，无之以为用。"其中，户即门，牖为窗。可见自建筑诞生之日起，门窗就始终是不可分割的一部分。门窗是建筑整体形态的一个组成部分，它们之间不仅仅是和谐，还有着有机的关系。脱离建筑物的门窗是虚无与片面的，门窗装饰也是建筑物装饰的最重要的组成部分，处处可见，雅俗共赏，上至皇家宫殿、衙门官邸，下至豪宅深院、普通民居，门窗都是不可或缺之物。木雕的数量和质量都位于"三雕"之首，门窗、隔扇则是木雕的重要载体之一。古代文人、商人、能工巧匠都喜欢在门窗上大做文章，尤其在建筑的装饰面，明清两代均用木质隔扇装饰，并以此来呈现整个建筑的韵律。追求门窗的和谐、精致、美观，成为文人雅士、儒商巨贾、能工巧匠的自觉行为。

木雕门窗对选材和雕刻技艺是比较有讲究的，在选材上，一般不用特别硬的木材而用结构均匀、纹理优美、色彩柔和的木材。在应用与加工木材上，有的把木料表面加工得非常细，再在上面进行雕饰，有的就保持木料粗糙的表面作雕饰，具有一种粗犷而自然的美。在雕刻技艺上，传统木雕门窗和隔扇的雕刻技艺是丰富多样的，一扇门或窗最终采用何种雕刻方法，以最合理、最适当的表现技法来达到完美的视觉效果，是要根据家居建筑环境的需求、宅主人的艺术品位、所选纹样的造型特点、雕花装饰的具体部位及木质材料的表现肌理多方面的需求来决定的。雕饰手法主要有平面线雕、锓阴刻、阴刻等方法。

在传统建筑中，门和窗都具有自己独特的文化形态。“门”对于中国人来说，有着非常重要的意义，它不仅具有实用功能，另外还包含了深厚强烈的精神理念。汉语中的“门面”一词，侧面体现了中国人对门的重视。在建筑中，门不仅仅是作为出入的重要通道，而且也是显示户主门第高低、社会地位的重要标志。传统婚姻中的“门当户对”的理念，其实也是一种社会地位、经济地位的体现。“窗，聪也，于内窥外为聪明也”，意味着人与外在世界沟通可获得智慧。窗最早的功能只是透光，可贝聿铭说：“在西方窗户就是窗户，它放进光线和新鲜的空气；但对中国人来说，它是一个画框，花园永远在它外头。”窗是中国古代文人的心之七窍，要包孕映衬、虚实、曲直、开合、动静、隐显，要取舍朝晖斜阳、日光月影、雾雪霜露、芭蕉夜雨。古代文人在诗词中设计窗户的不胜枚举，如李白的《久别离》：“君自故乡来，应知故乡事。来日倚窗前，寒梅着花未。”窗是文人们非常善用的借以喻景述志的题材。

门窗的装饰部位主要有大门、垂花门、隔扇门、窗、隔断等。

1）大门的雕刻：门簪、门联

门簪位于大门口上方，用以锁合中槛和联楹，其朝外一面做成圆形、方形、六边形等断面，表面加上木雕花饰。其尾部是一长榫，穿透中槛和联楹，伸出头，插上木榫使中槛和联楹紧密固定。门簪的形式多种多样，大门用四颗门簪，小门用两颗门簪。门簪正面雕刻题材有四季花卉如梅兰竹菊，有吉祥文字如福禄寿喜，还有汉瓦当等图案。雕法多用贴雕，雕好以后贴附于门簪看面上。

门联也是雕刻的内容之一，镌于街门的门心板上，通常采用锓阳字雕，属于隐雕法，字体多为行书、隶书、魏碑、篆字。门联以道德、理想、审美情趣、治家名言为内容，以左右门楹刻，以骈文偶句为格式，强调书法艺术，走出桃符辟邪、春联纳吉的题材局限，为大门装饰增色添彩，具有无限的情调与韵味。

2）垂花门的雕刻：花罩、花板、垂柱头

垂花门的罩面枋下都用花罩，其雕饰内容多为岁寒三友（松、竹、梅）、子孙万代、福寿绵长一类民俗中常用的吉祥图案组合；也有少数大宅门采用汇纹、卍字、寿字等汉纹组合成的万福万寿图案（图 3–32）。

在垂花门正面的檐枋和罩面枋之间由短折柱分割的空间内嵌有透雕花

图 3–32　图案精美的垂花门

板，雕饰内容以卷草花卉为主。

垂花门的垂柱头有圆、方两种形式，圆柱头雕刻最常见的有莲瓣头，形似含苞待放的莲花。方柱头一般是在垂柱头上的四个面做贴雕，内容均以四季花卉为主（图 3–33）。

3）隔扇门

木结构门窗这一轻型建筑构件承担建筑围护的重要功能，这是中国传统建筑最重要的特征之一，其典型代表就是隔扇。隔扇是最具中国特色的建筑构件之一，它同时具有墙、门和窗的功能，可以说既是门又是窗，是门与窗的结合。由于处在建筑的主要立面，隔扇又常常是建筑装饰的重点所在（图 3–34）。

图 3–33 雕刻简单的垂花门

图 3–34 隔扇门

房间外檐的隔扇门，由外框、格心、裙板、绦环板及若干抹头组成。一般为四扇，抹头数目有四、五、六三种。格心用木制棂条花格，王府隔扇门多用菱花格，裙板、绦环板上施以浮雕、贴雕或嵌雕，花饰为如意、花卉、福寿图案以及风景、人物、故事画幅等。在北方，隔扇门的外面加有一道帘架，其为适应北方冬夏季气温变化而挂风门及帘子之用；它的造型颇为精美，固定边框的构件，下端雕刻有荷叶墩，上端用荷花栓斗。

4）窗：槛窗、支摘窗

槛窗又称坎窗，一般用于较郑重的厅堂，和隔扇门的形式十分相近，所不同的是它只有顶板、花心和腰板，而无裙板、脚板（图 3–35）。支窗是可以支撑的窗，支窗又是可以摘卸的窗，合而成为“支摘窗”（图 3–36）。支摘窗在传统建筑装饰中主要用在殿堂的次、稍间前后檐、庭馆及民宅房

图 3–35　槛窗

图 3–36　支摘窗

图 3–37　匾额

间。清代的支摘窗也用于槛墙上，上部为支窗，下部为摘窗，二者面积大约相等。槛窗、支摘窗格间用木棂条组成盘长、步步津、龟背锦、马三箭、豆腐块、冰裂纹、万字不到头等图案，局部设有花卡子，分圆形与方形，图案有蝠、桃、松、竹、梅等。

5）隔断

隔断是四合院居室内分割空间的构件，有活动式或固定式两种，按功能可分为间隔式和立体式两类，兼有装饰和实用价值。

碧纱橱：室内分隔空间用的隔扇，其做法同隔扇门。碧纱橱由槛框、横陂、隔扇组成。根据房屋进深大小，采用六至十二扇隔扇。裙板及绦环板上通常按照传统题材做落地雕和贴雕，内容以花卉和吉祥图案为主，偶有人物故事，多用子孙万代、鹤鹿同春、岁寒三友、福在眼前、富贵满堂、二十四孝图等。

6）匾额

门楣上方嵌挂匾额，往往把堂号、室名、姓氏、祖风、成语、典故镌刻在匾额上；匾额的形状，有状如书卷者叫手卷额，形似册页者叫册页额（图 3–37）。

徐州民居建筑构件也不同于徽州的纤细柔弱，多壮硕有力、雕刻简练大方，体现了苏北人民性格的豪放直率。民居木雕题材简洁质朴，概括性强，这些雕刻或繁密或稀疏、或写实或表意，构成了徐州民居建筑木雕鲜明而独特的艺术特色。

3.2 色彩

3.2.1 建筑色彩

色彩在中国建筑里不但有美学意义，也属五行信仰和礼制的范畴。

色彩在城市建筑中的重要作用主要有以下几个方面：

一是烘托气氛的功能：色彩烘托气氛是建立在色彩表情基础上的，色彩传达感情最为直接。色彩的表情与人们的心情息息相关。无论是兴奋还是忧郁、欢快还是平静、轻松还是沉重，都能从色彩中寻出参照。色彩的不可胜数的变化能够与人们内心各种复杂的感受取得共鸣。因此，色彩所独具的魅力常使人们心驰神往。

二是装饰美化功能：用色彩作为装饰美化建筑的手段，无论是东方还是西方，都是从古就有的。传统建筑中，人类非凡的智慧，集中体现在宫殿等建筑中，在那些令人遐想的富有感染力的形体空间中，魅力无穷、诱人的色彩为建筑增添了难以言表的生机和活力。

三是区分识别功能：色彩具有区分作用。由于有了色彩，我们可以高效率地区分外部环境。在建筑设计中，对建筑加以适当的区分可以给人构成直观的第一印象。建筑色彩的差异起着标志的作用，可以传达多种信息，体现建筑的内在性格。

四是文化意义：不同的时代，不同的民族和环境，在文化方面存在一定的差异，反映在建筑上，其风格、色彩也是不同的。苏州民居以粉墙黛瓦为特点，富有典型的江南特色。白墙、青瓦配上绿色环境，构成冷色调，减少炎热所带来的烦恼；北方民居则多以红瓦、砖墙直接构成暖色调，可在心理上驱除一些寒意。欧洲中世纪的建筑，多使用石材和深沉晦暗的色彩，反映了这一时期宗教的神秘力量。而紫禁城红色宫墙则代表的是中央集权。

3.2.2 民居装饰色彩

民居的装饰很少使用耀眼的色彩，多以材料原色或清淡的色调为主。大面积色彩以白、青灰、棕色居多。屋顶多用灰瓦，墙面多用青砖，台基多用白磨石。彩色玻璃和花窗多采用深绿、蓝、紫或深红等色。瓦檐、木柱、梁枋、门等多用黑色、褐色或本色木面。不少民居在建筑装饰上使用冷色调，总体上比较简洁。

苏北古民居或依山附势、或傍水而依，恰似一幅幅“浓妆淡抹总相宜”的黑白水墨画。一幢幢老宅旧屋的色彩变化丰富，既统一和谐，又个性鲜明，非常简单的基本单位，却组成了复杂的群体结构，而且不论建筑规模大小，都体现出一个明显的特点：颜色统一，黑白相宜。可以概括为“黑—白—灰”三色基调。

产生这种民居色彩倾向的原因有以下几个方面：

首先，建筑的色彩采用是人类对环境进行适应的结果。原始社会的色彩文化只能是直接利用自然界中的色彩。随着人类认识水平和生产能力的提高，逐渐掌握了一些色彩利用规律，在建造房屋时人们就地取材、因地制宜，如：陕西黄土高原窑洞、山东沂蒙的石头房、贵州的吊脚楼等既方便实用，又能使建筑色彩与周围环境浑然一体、宛若天成。黄河流域的先民对黄土地、黄河的崇拜衍生了尚黄传统；雪山的圣洁使藏民产生了对白色的崇尚心理；

云南纳西由于独特的地理环境造成黑水和白水并存的现象，这种自然环境形成了纳西族黑白二元的色彩文化。而徐州民居敦厚朴实，乌瓦粉墙交相辉映，建筑以白灰抹墙，用黑瓦覆顶，共同构成淡雅朴拙的地方风格。由此推论，在当时的历史条件下，受当地生活方式和精神情趣所影响转化而成的徐州建筑采用黑白灰色，也许更能体现江北要塞的气韵与色彩。

其次，徐州古民居的发展受经济技术缺乏的制约。

美国学者肯与贝林根据调查将色名发展按出现时间的先后分为七个阶段。他说："色彩名称的多少与经济发展水平成正比关系，反映出人们对色彩认识、运用、创造的能力的提高，同时色彩名称不断丰富的过程就是色彩文化不断丰富的过程。"

建筑色彩文化经历了从无到有、从简单到复杂、从单纯到讲究美观的发展过程，其中是色彩工艺在起主导作用，推动色彩文化的发展，其实还有另外一层原因制约着色彩的发展，即与经济发展水平休戚相关。

包括徐州所在的苏北地区的建筑大多是土坯砖砌或木构而成，前者加以白灰抹墙，后者采用油漆饰面，而无论是建筑材料本身、矿物颜料，还是天然树脂颜料都取于自然，色彩表现力有限，但方便大量采集及使用。在当时的条件下，如果建筑外观色彩成本高于经济购买力，苏北清贫的百姓人家就难以承担粉饰建筑外观的重担。

再次，色彩文化受政治因素的巨大干扰和强制，强大的政治等级制度不但影响了建筑的色彩取向，还影响了城市特色的形成。城市色彩是皇权与阶级等级的反映。早在唐朝，就有皇宫的屋顶为黄色，王府的屋顶为绿色，而京城内的普通民居只能是灰色的房顶。统治阶层对建筑规模、形制及色彩都有严格规定，违制获罪者历代皆有，由此使得徐州民居有限的可选色范围进一步缩小，在皇权严控下的徐州建筑，建筑色彩只能采用自然界最直接的产物色彩，低调淡泊而幽雅。而在皇权薄弱的偏远的少数民族的建筑中，则大量出现了绚丽纷乱的色彩。

从色彩协调理论的角度来讲，徐州民居建筑大面积取其灰色的原生状态，因其取自天然，与建筑周围的环境色彩更容易取得协调一致。局部以红色和黑色点缀，更衬托出民居建筑沉稳神秘的气质（图 3–38）。徐州民居建筑色彩和建筑所处的环境色彩相融合，在色彩搭配上取得了均衡、统一、和谐的视觉效果，使建筑仿佛生于斯而长于斯，体现了一种自然、和谐、充满生命力的美，满足了人们心理上的要求和企盼，被人们所接受和喜爱。

图 3–38　红色点缀

第4章 文化·精神

人与建筑的关系并不是单指建筑为人的生存繁衍提供栖息的场所的生物学意义而言的，人与建筑的关系更多地体现在一种文化意义。建筑是作为人的操劳巡视的上手之物而存在的，天人合一的人文观念来考察人和建筑的关系，人在建筑之中，但不是像一个物体在另一物体的空间之中那样的在之中，而是说人依居、熟悉建筑，人对建筑的使用越紧密越遗忘的了建筑，即建筑和人的关系越密切越体现了建筑的“用”。在中国源远流长的建筑史中，建筑作为一种文化深深地渗透到人的此在之中，作为生存者的此在，人是被抛到建筑文化之中的，而又在这种被抛中，即先占有建筑文化的传统来发展建筑文化。建筑与人的本真关系是始源一体的关系。

4.1 天人合一的人文观念

4.1.1 天人合一观念的现象学—存在论根基

最早使用“天人合一”概念的，是北宋张载的《正蒙》：“儒者则因明至诚，因诚致明，故天人合一，致学而可以成圣。”这个意思就是说：人性的善良是出于天的实理，故交相致，而明诚合一。这个“天”在张载这里是指由气而生成的天，并不是什么唯心的天上之天。再往前追溯，则此思想的发明者可以归于汉初的董仲舒，董仲舒的名言：“天亦有喜怒之气，哀乐之心，与人相副。以类合之，天人一也。”[1]这里的“天”本人理解为是具有人格化的自然界。但究其起源，应该说“天人合一”的萌芽在《易经》中就有了。《周易·乾卦·象言》:“大人者,与天地合其德”。这个“大人”,是大人物,指统治者。在这里,天人合一中的“一”是道德,与天地合其德,说明天地是有道德的。这里的“天人合一”思想中已经把“天”人格化了。

中国所有的建筑规划均“不能失落它们的风景性质。中国建筑总是与自然调和，而不反大自然”，一语点破了中国建筑的文化特质——“天人合一”。就建筑与人的关系中的“天人合一”的思想方面来说,“天人合一”有其先验的现象学—存在论根基。在人类初期，生命的全部意义仅在于自我保存与繁衍，人们几乎把全部精力都消耗在维持生命和逃避灾害中。自然宇宙天体运行规律的生生不息，启示了人们应顺应自然、顺应规律和秩

---

[1] 春秋繁露·阴阳义.

序，即顺应“天道”，才能更好地生存。这种“天人合一”理念下形成的建筑文化和中国独有的风水术之间有紧密的联系。人与建筑的关系是先验的，人“在”建筑之中。建筑是以展现对人的关怀、作为人的栖息地与化育生命的所在，是与人密不可分的，因此建筑及建筑文化应深深地体现出人文关怀。我国的传统文化结构呈现出儒释道三位一体的样态，而“天人合一”的观念又是传统文化的一个永恒的主题。由于我国的传统文化样态提倡的是人与自然的和谐统一，并不是如西方思想中经过启蒙运动的洗礼而形成的“主客二元”对立的样态，人本身就是“在”自然之中，“天人合一”的思想是就人与自然的始源意义上来说的——人在世界之中，人与世界并不是主客二元的关系。

“天人合一”的人文精神深深地积淀在我国古代的建筑样式中。在考察“天人合一”的人文精神与我国古代建筑的关系之前，需要先反思一个问题，那就是“何为建筑”？打开中外建筑史书，关于“建筑”到底是什么这一问题的辩论时有所见：如“建筑是一门艺术”、“建筑是一门技术”等，德国哲学家海德格尔认为：物的原始意义就是聚集，他还举了一个水壶的例子，并认为水壶的物性并不在于它由之构成的材料，而是在于能容纳的空洞，因为人们在注水的时候并不是注入水壶的壁和底，而是注入壁和底构成的空洞中。“这个空洞，壶的这一无，才是壶作为容纳的器皿所在的东西。”[1] 壶是用来盛水的，而建筑则是用来居住的，也

---

[1] （德）马丁 · 海德格尔 . 演讲与论文集［M］孙周兴译 . 北京: 生活 · 读书 · 新知三联书店，2005：161.

是人进入这一“无”中，因此建筑的物性，也在于它的“空洞”或者说“无”。老子《道德经》中说：“三十辐同一毂，当其无、有，车之用也；延直以为器，当其无、有，器之用也；凿户牖以为室，当其无、有，室之用也。故，有之以为利，无之以为用。”至此，建筑所展现的空洞正是为了人的介入，由此可知人始源意义上就是在建筑的这一空洞之中的，这也就是“天人合一”关系的绽现。

4.1.2　天人合一观念的人文关怀

建筑是不同于建筑文化的，文化中含有一种力，那就是文化力，就是建筑文化通过人的能动性展现出来的一种力。其实，建筑是普通的，尤其是民居建筑，凡有人烟之处，都有建筑的存在，它们是人类生存本身或生存的立脚点。建筑不单是技术，也不单是艺术，建筑是技术与艺术的“对话”，其对话的内容就是“文化”。西方的哥特式建筑在西方的教堂建筑艺术中深刻地体现了艺术与技术的对话：高耸的塔尖直插云霄，仰视之，塔尖消失在视野的“无”之中。为什么高高的塔尖消失在视野的“无”之中？难道哥特式建筑是为了彰显西方建筑技术的高超？哥特式建筑恰恰体现了技术与艺术的对话所绽现的文化。为了弄清哥特式建筑所绽现的文化，我们首先要了解西方的宗教文化，在西方的宗教哲学中灵魂原本高居于天上的理念世界，“那时她追随神，无视我们现在称作存在的东西，只昂首于真正的存在”，[1] 宗教徒认为灵魂在下降的过程也就是与肉体结合的过程中，

[1] 苗力田．古希腊哲学［C］．北京：中国人民大学出版社，1995：284.

灵魂受到了肉体的玷污，而世俗世界——此岸世界是不真实的世界，真实的、幸福的世界是彼岸的天国世界，那么为了回归到彼岸世界，就要净化灵魂，克服肉体的欲望，反映在建筑上就是为了与彼岸天国世界的无限接近，塔尖必须是向上和高耸的，哥特式建筑可谓是艺术与技术的完美结合。

建筑是技术与艺术的有机结合体，而技术与艺术的对话就是文化，建筑与文化是密切相关的。对此美国"人类学之父"泰勒在《原始文化》中解释"文化"为：文化是一个复杂的总体，包括知识、信仰、艺术、道德、法律、风俗，以及人类在社会里所获得的一切能力与习惯。其实，文化是人为了满足自己的欲望和需要而创造出来的：针对自然界，创造了物质文化；针对社会，创造了制度文化；针对人自身，创造了精神文化。这三个方面即为文化的三个子系统。文化的三个子系统即构成了建筑的三个层面。表层：物质文化，即为建筑层面中的技术系统；物质文化反映的是建筑技术水平的高低，当然它是与当地的自然环境条件密不可分的，在建造的过程中必须考虑的是自然的特点，就是能从技术层面体现对人的关怀，适合人的栖居——自然层面的"天人合一"。但这不是最主要的方面，其实"天人合一"主要是就建筑的文化方面来说的。中层：制度文化（社群文化），即为建筑层面中的社会学系统；这主要是社会环境影响的结果，如西方人的城堡式建筑，由于庄园主要保护自己的财产，他必须把自己的家园建成城堡式的结构，以保卫自己。深层：精神文化，即为建筑层面中的意识形态系统，在这一深层的文化层面，更深刻地体现了"天人合一"的人文关怀，如西方的哥特式建筑，"神"并没有遗忘人，而是以哥特式的建筑文化气质引领着人的灵魂的救赎与超越，回归到幸福的彼岸世界——天国，哥特式建筑体现了强烈的“神”对人的关怀和天人合一的人文情操，不过此时的天就是“神”。由此可见，建筑是文化的载体，是文化的有机组成部分。

“天人合一”的人文观念作为一种有中国特色的人文观念体现了对人的深深的关怀，建筑文化中的天人合一的人文观念对人的人文关怀不是自为的。文化中蕴涵一种力，也就是文化力，文化力与人有机结合才能起作用，实现对人的关怀。就建筑文化来说，建筑文化其实并不是一种静态的文化，建筑文化对人的人文关怀是通过建筑文化所绽现的文化力来实现的。对此，我们要考察建筑文化中的人文力是如何绽现的。“力”是我们所熟悉的一个概念，但现在要反思的是意识和文化中有一种力吗？德国哲学家黑格尔在《精神现象学》中就把“力”作为意识由现象世界达到超感官世界，由知性到理性的自我发展运动的内在原因，也就是说意识中存在一个促使人的精神自我发展的原因——力。文化是要内化于人的意识之中的，那么文化对社会的影响是因为文化具有一种内在的“力”吗？答案是肯定的：“‘文化力’既可以理解为某种文化内蕴涵着的力量，也可以理解为文化对社会经济的作用力”。[1]建筑文化作为有影响力的文化形态之一，其蕴涵的内在文化力量一直在对社会的各方面发展起作用。文化力的作用不是自为的，它必须借助于具有主体能动性的人起作用，文化对社会的作用形式必须被作为社会活动主体的人接受与认同，并转化为人的努力与行为，才能

[1] 樊浩：伦理精神的价值生态［M］. 北京：中国社会科学出版社，2007：85.

形成对社会发展的作用力，没有人的作用，文化力只是一种潜在的内在的文化力量。

一旦文化力被具有主体能动性的人所接受，并通过主体起作用，文化力就成为具有自在的、主体性的文化力量——人文力，因为“文化的力量归根到底表现为人的力量，只不过这种人的力量的源泉和根源是特殊的文化，尤其是这个文化的价值体系。在这个意义上，‘文化力’的最准确表述就是‘人文力’，即‘人的文化力量’”。[1] 建筑文化对人的关怀其实还是通过文化与人的有机结合所形成的人文力起作用的。

中国建筑文化有自己的特色，中国建筑文化是东方所特有的一种大地文化与大地“哲学”。历史悠久、源远流长、自成体系、独具一格，以及自古偏于渐进的“文脉”历程，构成了中国建筑之伟大的文化旋律。中国建筑映射出美丽的人文精神，具有严肃的道德规范，以及以伦理为“准宗教”的对人生的“终极关怀”。从建筑的三个层面来理解建筑文化：

(1) 建筑作为人们营造活动的物质产品，作为物质文化的特征是显而易见的。

(2) 中国传统建筑的营造必须符合“礼”制，建筑所用材料、开间、着色、装饰都有严格的等级制度。

(3) 建筑体现了一定的哲学思想，而哲学是文化之精华部分。[2]

中国建筑文化深深地反映了传统的伦理道德精神，中国伦理要求人

---

[1] 樊浩：伦理精神的价值生态［M］. 北京：中国社会科学出版社，2007：85.
[2] 王振复 . 建筑美学笔记［M］. 天津：百花文艺出版社，2005.

能“安伦尽分”，这种伦理精神是与建筑文化相结合的，反映到建筑上就是，建筑不能越“礼”。由于人们所处的社会地位不同，因此建筑的规模、样式及装饰也是不同的。就不能越“礼”这方面来说，建筑文化展现了一种人文力，这种“力”要求人“安伦尽分”，不能越“礼”，否则在君主专权的时代就可能有性命之忧。在“安伦尽分”的范围内才能展现人文力的关怀。人文力作为力的一种特殊形态，从根本上说，应当遵循力的一般原理，也就是说文化力学和物理力学的原理有相通的一面。就物理学的力学原理来说，力具有大小、方向和作用点，人文力的力也具有大小、方向和作用点，当然人文力的要素内涵和作用特点具有不同于物理力学的特点。建筑文化作为自身蕴涵的文化力内化于人，也就是结合主体能动性所展现出来的人文力也具有大小、方向和作用点。就展现出来的人文力的大小来说，建筑在设计与建构的过程中，越从现象学—存在论的人与建筑的始源角度考虑，越能体现对人的关怀，也就是建筑文化与能动性的人相结合并产生强大的人文力关怀。人与建筑在始源意义上是人“在”建筑之中，建筑艺术是为了让人感到美的艺术，艺术是不同于技术的，艺术完全是为了人的精神和身体的愉悦，以工具理性为基础的技术则有对人的统治的含义。

在古希腊时期的各种行业都是作为能给人带来审美享受的艺术来看待的。古希腊人把生活当做艺术，他们从事的各项技能都是艺术化的，那时的艺术内涵是较宽泛的，而不像现代把艺术仅仅理解为艺术品及艺术创造，“直到那时，所谓艺术还是指形形色色的生产能力，手工业者、政治家和教育家，他们作为生产者都不外乎是艺术家。连自然也是一个艺术家。那时候，艺术并不是指我们今天已经被狭义化了的感念——今天的艺术概念仅被用于在作品中把美生产出来的所谓美的艺术。”[1] 而现代社会的建筑恰恰在追求技术的展示——摩天大楼，由于过多的装饰玻璃导致的光污染加重了对人的身体和精神的损害，建筑技术是在展现自身，它完全忽视了人，遗忘了建筑和人的现象学—存在论的始源关系，也就是遗忘了对人的关怀，建筑技术是工具理性的表现。而传统形而上学强调的理性恰恰是工具理性，传统形而上学由于对理性的过度强调，出现了理性所彰显的技术对人的压迫和统治，而遗忘了人。由于在现象学—存在论的基础上，人与世界是始源的一体关系，而形而上学的理性观对人的统治就是遗忘了人，是对始源意义上的存在论的背叛，要重新回到存在——所以海德格尔一再地强调“存在是人的家”。

在中国哲学中，古代的哲学家就提出了“天人合一”的观念，本就有现象学—存在论上的人与世界不分的那种始源意义上的关系。而西方哲学从笛卡尔以后就出现了“主客二分”的关系，经过文艺复兴和启蒙运动以后，过分彰显了理性，彰显了人的主体地位，忽视了人与世界的始源一体的关系。这样，以胡塞尔、海德格尔的现象学—存在主义的哲学家看出了哲学的危机，哲学的危机就是欧洲人的危机，就是遗忘了人与世界的始源关系，遗忘了存在。因此，胡塞尔主张“回到事情本身”，海德格尔主张“回到存在”。

---

[1] （德）海德格尔 . 尼采［M］. 孙周兴译 . 北京：商务印书馆，2002：76.

中国哲学一开始就是以人与世界的始源关系的面目出现的，体现哲学思想的中国传统文化恰恰把人放在人与万物的始源关系中来考虑，并强调对人的关怀，因此儒释道都强调“天人合一”的思想观念。中国文化还强调一种情、理、法的结构，这里的“理”不是理性，而还是情的意思，因此反映到建筑上，也就是传统的“家国一体、天人合一”的观念在建筑上都有反映，并有不同的职能——如祭祀的宗祠、堂、院的结构等。

4.2 儒、释、道的观念

4.2.1 儒、释、道的文化精神与生命的绵延

德国古典哲学家黑格尔在《精神现象学》中论述了精神的自我运动和自我发展的历程，认为当理性认识到自身与它的世界的统一性时，也就是“当理性之确信其自身即是一切实在这一确定性已上升为真理性，亦即理性已经意识到它的自身即是它的世界，[1]它的世界即是它的自身时，理性就成了精神”。精神不仅包括理智还包括意志，精神的理论态度和实践态度不是截然二分的，都是精神所包含的态度的两个方面。精神的真谛是单一物与普遍物的统一。那么就文化精神来说，由于精神具有理论态度和实践态度，而这种态度又不是截然相分的，因为“知与行”是统一的。因此儒释道的文化精神必然要“行”而不能只是“知”，这种“行”就是儒释

[1]（德）黑格尔．精神现象学下卷［M］．王玖兴译．北京：商务印书馆，1997：1.

道的文化力必然要作用于中国传统的建筑实践之中，当然要借助于主体的能动性作用，是和建筑文化的人文力关怀相同的。由于精神的真谛是“单一物与普遍物”的统一，也就是说单一物的个体要回归到实体，这是改变不了的命运呼唤——“悲怆情愫”的作用。儒释道的文化精神必然在建筑文化中回归到这一实体。

建筑文化与生命的绵延是始源一体的意义，建筑文化作为一种文化是摆脱不了中国传统文化的影响的，特别是儒释道的文化影响。儒家重视对生命意识的萌动与反思，对生命价值的认识与体悟，儒家思想中“天地之大德曰生”和汉代扬雄的“天地之所贵曰生”二语道尽中国儒家文化思想对生命的重视。“性者，生之质”，[1] 人与天地万物均以生为本，天地的根本精神，天地的大法，也便在于不断化生生命，生生不已。在儒家看来，这个生的意义，不仅是指自然生命，而且更重要的是从自然生命中所超生出来的文化特征与精神品格。儒家的生命哲学主要地体现在“和”的观念中，和，即中和。中和思想洋溢着人们对物、社会、人相互之间的普遍和谐关系的观点，并能达到一种中道的最高境界。中和之美是生命追求的最高境界，它表现在关于中庸不偏不倚、过犹不及的人格修养和性情之美上。生命的和谐外化出主体的人格力量，孔子就强调“内圣外王”，孟子从人格修养的角度描述这个过程：“可欲之为善，有诸已之为信，充实之为美，充实而有光辉而为大，大而化之为圣，圣而不可知之神。”[2]在孟子看来，

---

❶ 孝经 .

❷ 孟子 · 尽心下 .

理想人格就是达到伦理与审美的高度统一，到达生命的和谐状态。荀子更加强调生命外化的人格作用，他认为人格应该像天一样具有涵纳万物的普遍性和纯粹性，他提出“夫不全不粹不足以为美”，与孟子的充实之为美是同一意思，但他突出了生命意志的作用。儒家这种“和”的审美理想和人格境界，使得中国文化洋溢着一种和谐柔美的精神，使生命绵延行动而不放纵、欢乐而不迷狂，达到一种平和、典雅之美。

道家在对待生命的绵延问题上强调的是“道妙自然”，在道家看来，道与气是宇宙间万事万物共同的生命本源，它决定着人生命的意义。妙就是生命之道，就是以生命为美、以生命为善的精神表现。道家以天道自然为宗，但深究其本旨仍在人生，即将天道自然作为哲学的出发点，而其归宿和落脚点仍在人生，关注个体生命的存在，所以说道家之学不仅是自然哲学，更是生命哲学。在道家看来，整个世界是一个合一的整体，人与自然混为一体，人性与人道和谐一致，“天地与我并生，而万物与我为一”。[1] 天地万物的化生是自然而然的流变过程，没有意志力的主宰，天地任自然，万物自然治理，遵循共同的法则——“道”。“人法地，地法天，天法道，道法自然。”[2] 道是宇宙共同的法则，因此，人们的行为和人类社会活动均应依道而行。不难看出，道家生命哲学提倡的“天人合一”是建立在人类只有效法自然才能达到绝对自由这一根本观念之上的，旨在强调“以人合天”。庄子哲学关注的核心即是人的真实生命、现世存在，庄

[1] 庄子·齐物论.
[2] 老子·二十五章.

子提出“达生”之说，就是要恢复人的真实生命，让人的存在呈现出一种本真状态。在庄子看来，生命无所不在束缚之中，因而人需要去除、摆脱种种人生在世的束缚，从而恢复人的本真的真实生命，而达生之路，也就是一种体悟之路。体现出的是一种审美之悟与艺术之精神，也即是“彻志之勃，解心之谬，去德之累，达道之塞”，❶消解了意志的错乱，打开了心灵的束缚，从而达到了生命自由解放的“达道”境地，而这也正是人生诗性栖居的状态和体悟美感的境界。

佛家强调圆融之境，圆是相对于缺而出现的，因此佛教中强调的圆融即充满充足之意，体现出佛性真如的普遍广大、生命意义的圆满，犹如华严宗法藏所说的“月印万川”说，表现出“一即一切，一切即一”，就是要达到一种圆融无碍的境界，其在于生命之悟，也就是说要达到圆融之境。这也就是佛家所说的最高的体悟境界。在禅学看来：圆就是禅，也就是生命本体与宇宙本体是圆融一体的，人生境界与审美境界慧能所创建的禅宗生命观，不以外境为虚幻，也不以“空”为实有，而是讲心空一切空，身处尘世之中，精神上都一尘不染；主张人人都有佛性，但不把佛性看成虚净的精神实体，而是看成人的本性和领悟佛教义理的良知良能。佛家把庄子的境界落实到现实平凡的人生之中。禅宗尤其是南派慧能禅，其重点在顿悟后如何重新面对现实与人生上。

4.2.2 儒、释、道的文化精神对中国传统民居的影响

中国传统民居作为中国传统建筑的一个重要类型，凝聚了中华先民

❶庄子·庚桑楚.

的生存智慧和创造才能，形象地传达出了中国传统文化的深层意蕴。从一个侧面相当直观地表现了中国传统文化的价值系统、民族心理、思维方式和审美理想。中国传统民居可谓是中国传统文化的缩影，透过中国传统民居，我们可以形象而真切地感受到中国传统文化的思想资源及基本精神的深广影响。中国传统民居的哲理观、宗法观、思维观等，从各个不同层面反映出中国传统文化的博大精深和高明智慧。建筑艺术中的祈盼文化，是指人类在生产和生活中根据自己对大自然的理解，所产生的一些信仰、信念、希望等在建筑上反映出来的理念和形式。在农耕社会里，人类的生活必需品全都是由大自然赐予的，人们主要是靠天吃饭。一切自然变化都和人的生活密切相关，气候、环境的改变，都会直接影响到人类的生活。雨水在什么时候降落，降落多少，降落到什么地方？太阳从什么地方升起，落到什么地方？太阳光的强度有多大？月亮从什么地方升起，为什么时圆时弯，时隐时现？风是怎么一回事，从何处吹来，又吹向何处？如此种种宇宙现象，原始人类都会像关心自己的生命一样地关心它们：它们为什么有的时候对人类那么“友善”，有的时候又那么残酷无情，肆无忌惮地残害人类，摧毁庄稼，吞没牛羊。古人仰观天象，俯察地理，认为整个世界是由一个“天神”在主宰，这个“天神”具有超自然的力量，能控制和调节自然。“天神”的喜怒哀乐直接影响到大地上人类的生存。人类所有的祸福都可以祈求“天神”来转化，“天神”存在的空间是“气”，“气”无处不在。古人认为“天”是由“气”组成的，气聚在一起便形成一个实体，实体是能看见的，实体的气散之后，又复归于宇宙流行的气，即是灵魂，是看不见的。气盛则物盛，气衰则物亡，气是能感应到而不能触摸到的，气是有灵性的，是天神存在的媒介。他们相信，只要自己运用一定的符号，并通过一定的祭祀仪式，便可以通过气的感应，通天晓地，感动天神，祈求天神赐福避难，除凶降吉。古人对神灵有着深深的敬畏和崇拜，他们认为除了天神之外，自然界的各独立主体也全都是有灵性的，于是产生了祖先崇拜、自然图腾崇拜。他们还认为一切生活生产活动，都离不开自然之道、天象之道。栖息地的选址和营造，则更是以宇宙之道为根本。从宇宙的字义来看，“上下四方谓之宇，往古来今谓之宙”，宇宙二字都有像房屋之形状的宝盖头，也许是暗示人们，从房屋建筑之中也可以体会大自然的奥妙，宇宙运转的法则，也是房屋营造的法则。张法在《中国艺术：历程与精神》中说：“我们从红山文化的神坛的方形和圆形可以看到坛道与天道的对应，从西安半坡房舍的方形和圆形可以看到村道与天道的对应，从《周礼》中王城的九宫格型可以看到城中道与天道的对应”。有了这种“天人合一”，天地与人相对应的思想观念，人与宇宙的沟通就有了相应的渠道和沟通的“语言”。

哲学是文化思想的集中体现，是民族精神的精华，是人类智慧的最高创造。在中国传统文化系统中，中国传统哲学处于核心地位，起着主导作用。自古以来，中国人对宇宙的看法，对人生的思虑，甚至赖以安身立命的终极依据，都是透过中国哲学加以反映、凝结和提升的。因而，探讨中国传统文化的思想资源和基本精神的最有效的途径便是从中国传统哲学入手。从哲学层面看，中国传统文化主要有四大思想资源，即原始儒家、原始道家、中国佛学、宋明理学。但是在孔子和老子分别创立原始儒学和原始道学之前，中华先民已经表现出很高的精神智慧，创立了关于宇宙和世界万物的三种思维模式，即远古时代的阴阳说、五行说、八卦说。到春秋战国时期，阴阳说、五行说、八卦说开始走向相互渗透和有机融合，出现思维共生现象，即所谓"阴阳五行"、"阴阳八卦"之说。阴阳五行、阴阳八卦思想由于其直观性和整体性特征，在中国传统文化（特别是民俗文化）的发展过程中影响极为广泛、深远。

中国传统文化的基本精神涵盖四大主要方面。这就是：以人为本的人文主义价值系统，自强不息、豁达乐观的民族心理，观物取象、整体直觉的思维方式，超越宗教、天人合一的审美思想。就价值系统而言，中国文化表现了突出的以人为本的实用理性精神。这种以人为本的文化价值观，有别于以神为本的西方文化系统。中国传统文化的人本主义不是脱离自然的人类中心主义，也不是脱离社会群体的个人中心主义，而是儒家"道德的人本主义"与道家"非道德的人本主义"的融合互补，是群己和谐、天人合一的人本主义。天人合一是中国传统文化的审美理想和最高境界。它不仅浓缩了中国传统文化的全部特征和精神，而且标示出相异于西方文化传统的质的区别。

就传统民居的哲理观来说，关于中国传统民居所反映的哲理观，首推阴阳、五行、八卦思想。它们是中国远古时代的三种思维模式，是中国古代极高明的智慧表现。阴阳、五行、八卦同样深刻地影响了中国传统民居的哲理思想，这是中国传统文化的天人合一思想和实用理性精神。天人合一和实用理性，可以说是中国传统文化的基本精神和价值取向，也可以说是中国传统文化区别于西方文化的总体特征。因此，天人合一和实用理性不仅内化为中国传统民居的哲理观，而且直接影响到中国传统民居的宗法观、环境观、思维观和审美观等各个方面。需要强调指出的是，天人合一和实用理性是以人本思想或人本主义为核心的。民居是最实用性的建筑类型，其主要功能在于满足民众（主要是平民百姓）的生产生活需要。从民居的选址到布局，从民居的营造到造型，乃至民居的装饰装修，始终一贯的指导原则是满足主人的现实生活之需，努力实现民居建筑适应自然、适应社会、适应人文的内在的综合适应性需求。

就传统民居的宗法观来说，宗法制度是中国传统社会的一套始终维护和持续不断地以血缘关系为纽带、以等级关系为特征的社会政治和文化制度。宗法制度对中国传统民居的影响是深刻而又广泛的。无论是传统民居聚落景观的构成，还是传统民居建筑布局，抑或是营造规格、建筑装饰，无不投射出宗法伦理观念和礼制等级思想的气息。需要注意的是，由于中国农业社会的长时期延续，农耕生活基础和宗族文化心理根深蒂固，这也就决定了宗法制度对中国传统民居的发展产生的影响是自始至终的。所以说，有人称中国传统民居是传统中国社会宗法制度的活化石，也就不无道理。

就传统民居的环境观来说，从生产方式的层面分析，中国传统文化是一种既不同于游牧社会，又不同于工业社会的农业社会文化。中国传统文化的各个层面（物质文化，抑或是制度文化和观念文化）的创造发展都离不开农耕的社会生活基础，正是这个原因，人与环境、人与自然的关系问题始终是中国古代文化讨论的中心。人类关注环境、适应环境并改造环境，缘于人们在自己的实践过程中对于环境价值的认识和深化。环境价值包括物质功利价值和精神审美价值两个方面，前者表现在人们生于环境、长于环境，从外界环境中获取赖以生存的物质生活资料；后者表现在人们寄情于环境、畅神于环境，要从外界环境中吸取美感，增进生活的情趣，求得情感的愉悦和审美的享受。中国传统民居的历史发展不仅表现出适应环境的高超精湛的技法和艺术，而且本身成为人们的生活环境，蕴涵着丰富而深刻的人居环境思想。

就传统民居的思维观来说，中国传统民居反映了中国传统文化的人本主义精神，反映了中国传统文化的礼制思想和宗族观念，也反映了中国传统文化立足于农耕基础之上的宇宙观、环境观。而且，中国传统民居作为中华民族技术智慧和艺术才能相结合的产物，还表现了中国传统文化乐观向上的崇生心理以及重体悟的整体思维方式。最具特征的是象征性思维观。

所谓象征性思维，是用具体事物或直观表现表示某种抽象的概念、思想感情或意境的思维形式。传统思维的象征性特点与古人对宇宙整体的看法是密切相关的。《周易》，作为儒道两家思想的共同渊源，借助于具体的形象符号，启发人们把握事物的抽象意义；借助卦象，并通过卦象的规范化的流动、联结、转换，具体地、直观地反映所思考的客观对象的运动、联系，并借助六十四卦系统模型，推断天地人物之间的变化。这就是观物取象、立象尽意的象征性思维方式。这种思维方式渗透到古代科技、中医、民居选址布局和建筑营造等方方面面。

中国传统民居的象征性思维更加直接广泛地影响到传统民居的装饰装修。传统民居装饰总是“图必有意，意必吉祥”。广大的民居建筑，多以福禄喜庆、长寿安康、戏文故事、花草纹样为题材，往往通过某种自然现象的比喻关联、寓意双关、谐音取意、传说附会等形式，使人联想到神话传说、谚语古语、历史典故、民间习俗等内容，从而抒发求吉祥、消灾患的愿望，表达对美好生活的追求和平安吉祥的向往。传统民居建筑中的装饰图案是在长期的生产生活中形成的吉祥符号，具有广泛的通识性，因而在实用上较为普遍，象征意义也较为一致。多种多样的装饰符号和装饰图案在象征寓意的方式上主要有三种：其一，水玉比德。借助于某种动物、植物和器物的自然属性和特征加以延伸和情感化、伦理化的比附。其二，谐音取意。其三，民谚传说。如，鲤鱼跳龙门隐喻登科及第。有些神话传说和历史典故如盘古开天、龙凤吉祥、三顾茅庐、桃园结义、竹林七贤等直接用在装饰中，以强化和提升文化内涵。

总之，中国传统文化对传统民居建筑的影响是极其广泛、相当深刻的。正是这个原因，我们在讨论传统民居与文化的开始便先简要地分析中国传统文化的思想资源和基本精神，以期提纲挈领，从传统文化的核心内容和主要特征入手分析其对传统民居的影响作用。[1]

[1] 陆元鼎 . 中国民居建筑［M］. 广州：华南理工大学出版社 . 2003：11.

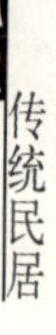

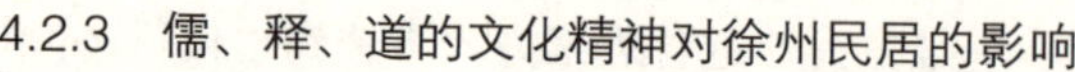

4.2.3 儒、释、道的文化精神对徐州民居的影响

精神的真谛既然是“个体性与普遍性的统一”，那么，儒释道的文化精神对中国传统民居发挥巨大影响的同时，对一个地区的建筑文化也有特殊的影响。现以徐州的传统民居为例子来考察儒释道的文化力作用和影响。

徐州古民居也和其他汉民族地区民居一样，沿袭着经过历史的淘汰、发展、锤炼得来的文明，根据自己的生产生活需要、经济能力、民族爱好、审美观念而因地制宜、因材致用，灵活地设计和营造出一座座文化“城堡”。

徐州古民居，主要是明清以来一些大家望族的住宅，有状元府第，有地方豪富住宅。当潜心研究它们的时候，这些房屋已经作古的主人与曾经发生过的往事，就像是一页页掀去的明清徐州史，这些保存完好的明清古民居也就成了一部徐州民居的简要建筑史书，也是徐州地区文化的体现。

研究徐州古民居的文化内涵不是刻意地去寻求与中国传统建筑的异同点，因为文化不只是一堆杂乱无章的经验性材料，不等于它是绝对唯“理”无“情”的“冷调子”文化。徐州古民居有着丰富的文化蕴涵，它的每一处结构布局、每一块砖石构件、每一品装饰点缀，都与社会的伦理道德、行为规范，人们的信仰追求、文化修养有着密切的联系。徐州古民居作为中国传统居住建筑模式与中国传统的文化有着必然的关系。下面从两个方面阐述徐州古民居的文化内涵。

1. 总体布置和总体环境文化内涵

院落住宅是中国住宅的基本形制，起源很早，至少已有两千多年的历史，处于中国民居的首要地位。一代宗师梁思成认为，最初的建筑之所以是庭院式建筑，这显然是基于群居和自我保护的意识。据考古资料，在殷墟就发掘出商代的院落式祭祀建筑。近年在陕西岐山县凤雏村又发掘出一座西周宫室建筑基址，也是院落式的，有影壁、带门房的大门、中轴线上的前室、过廊和后室、左右围绕厢房，对称整齐。这种由东、西、南、北四面围合起来形成的内院式住宅，四面都有建筑的院落就称“四合院”。典型的四合院格局，是按照中国儒家思想的家族观念组合的有层次序列的院落。徐州古民居的院落布置和总体环境布置受封建宗法制度、儒道互补、阴阳互动等思想的影响十分明显。

(1) 封建宗法等级观念根深蒂固。《周易》曰：“列贵贱者存乎位”，古人住宅强调前卑后尊，长幼有序，内外有别。因四合院里面暗含一个“井”字格局，从奴隶制社会的“井田制”到以后发展起来的明堂、宫室、宗庙建筑，中国传统建筑始终力图使建筑艺术具有鲜明的社会性、政治性和伦理性。我们知道“井”字分割产生一个中点，“中”是对称，是稳定，是端庄，是严肃。它很容易附会出许多象征性内容。先天八卦北为坤卦，坤为地；南为乾卦，乾为天。南北朝向即“天地定位”，“乾坤之事”。顺应天道，自然会大福大吉。《皇帝宅经》说：“夫宅者乃是阴阳之枢纽，人伦之轨模，非夫博物明贤未能悟斯道也。”在四合院中，北屋是最适合人居住的，但会客和祭祀的厅堂都设在北屋，而东西厢房和倒座房、后堂才真正居住人。

图 4-1　崔家大院总体布局

这说明古人把理性放在实用功能之上，越是格局讲究的民居，越是体现这一点。大门、影壁、垂花门、游廊都是为了增加气派而设置的。进入四合院，空间序列井井有条，建筑尺寸适度合理。户部山各大院的布置深受这一观念的影响，多进四合院皆以前堂后寝式来经营，即用于待客的客厅一般在一进门处，是为卑位，用于主人居住的内宅都被安排在最后，是为尊位(图 4-1)。如崔翰林府、李蟠状元府、余、郑、翟大院等在房屋布置上都是一进大门即为客厅，主人的内宅在院落的最后部。崔翰林府和李蟠状元府前还立有高大的旗杆及上、下马石，崔家院也因此俗称“崔旗杆”。崔家以商人起家，后世代为官，其中以崔忻、崔涛史弟官位最显赫，崔涛中进士入翰林院被钦点为庶吉士(草拟圣旨诏书)，官至内阁中书（正一品)，被尊称为“崔翰林”。道光年间，崔涛奉旨扩建宝院，更加突出宗法礼仪。上院大客厅的横梁雕有龙凤、牡丹图案，并贴有镂刻的金箔，极尽豪华之能事。上院内的牌坊位于一进门的突出位置，下院内的祠堂为硬山五开间的大殿，殿内供奉祖宗牌位及举行祭祀活动，封建色彩极为浓厚。

余家大院位于户部山顶峰东南角，故有“紫气东来”之语，占尽最吉利的方位。余家大院有左（西）、中、右（东）三路院落，近十个小四合院，百余间房屋，整个余家大院以中路院为轴心，左、右平铺展开，每路院都以三进为进深，在平面布局上可谓“九宫”格，极具传统风格（图 4–2）。余家大院根据地势和地位的不同，井井有条地阐述其文化内涵。这种前后二进的四合院，是我国封建社会典型的民间住宅建筑。它一方面是我国古代封建式自给自足的小农经济在建筑上的反映；另一方面也是我国古代尊卑有别、长幼有别、男女有别、内外有别等封建思想在建筑上的反映，给人一定的心理暗示。

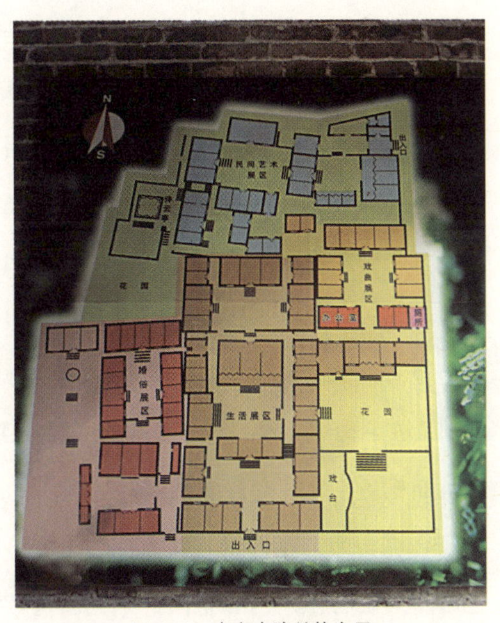

图 4–2　余家大院总体布局

（2）儒道互补思想的影响。儒家与道家的立论基础互不相同，但在中国传统哲学“天人合一”的思想认识方面却有很多共同之处。儒家主张修身齐家治国平天下，道家讲求清静无为，反映在建筑上，儒家的入世理念在四合院的铺陈上讲究“序”；道家的出世理念在宅院后师法自然布置宅园。堪舆学即风水学之内核，实是中国古代建筑理论之精华，是集地质学、生态学、景观学、建筑学、美学于一体的古建筑设计理论。它强调大自然的力量和对人们的健康与后裔繁衍的影响，力图选择适宜的场地和布局，使聚居在该地的人们能光前裕后，世代平安。有专家认为“人之居处宜以大地山河为主,其来脉气势最大,关系人祸福最为切要。若大形不善，纵内形得法，终不全吉”。户部山民居虽然朝向各不相同，院落也有差异，整体格局却是传统的四合院。如余家大院计分三进三路而前后左右分别对称。坐西面东的翟家大院顺山坡迤逦而上，迂回曲折，院落面积虽不大，竟有前后四进院落（图 4–3）。郑家大院为南北各两进的四合院，为亲近自然，各大院依山就势、取法自然，僻有精巧别致的花园。余家有东西两处花园，东花园宽敞气派，院内有用于赏景自娱的

图 4–3　四合院整体格局

图 4–4　余家大院鱼形池

花厅和楼房。西花园置有鱼（与“余”姓谐音）形池、蝴蝶亭、西花厅等赏景设施（图 4–4）。翟家花园处于户部山较高地段，主人意趣高雅，建亭名“伴云亭”，并依山凿树叶形水池。该园与余家花园相通，可谓互为借景，安排十分巧妙。

（3）阴阳互动风水观念的渗透。四合院蕴含着深刻的文化内涵，是中华传统文化的载体。四合院的营建是极讲究“风水”的，从择地、定位到确定每幢建筑的具体尺度，都要按风水理论来进行。依先天八卦，多把大门开在东南角上，路南的住宅大门位于西北角上。因为西北是艮卦，艮为山，东南是兑卦，兑为泽，这种设门的释意为“山泽通气”。东北方向是震卦，震为雷，这是次好的方向，必要时可以设门。西南方向是巽卦，巽为风，这是凶方，一般不开门，而设厕所于此。“阴阳之枢纽，人伦之轨模”的思想反映人类生活模式与伦理关系契合以祈求与自然的和谐。英国科学家李约瑟在《中国科学技术史》一书中谈到：“城乡中无论集中的或者散布田庄的住宅，都出现了一种宇宙的感觉，以及作为方向、韦令和星宿的象征意义。”户部山古民居总体布局也体现了这方面的思想寓意，某些部位还按照《八卦七政大游年》对吉凶的定位进行总体布置，对因位不吉者想法予以“破”。如余家大院一大客厅后的内宅西南角因与西院相通开有一门，这是在坎宅的坤位方向开门，被视为不吉，设计者在院内置一“房胆”予以破除（图 4–5 ~ 图 4–7）。[1]

---

[1] 刘玉芝，翟显中．徐州户部山民居研究［J］．小城镇建设，2001（9）．

垂花门是四合院里的一道很讲究的门，位于院落的中轴线上，处在正房与倒座房之间，是沟通内外院的门。在封建社会里，未出嫁的香闺小姐“大门不出，二门不迈”，所指“二门”就是这道垂花门。垂花门作为内宅的门，也是房主人社会地位和经济地位的重要标志之一，历来有钱有势的人家，都很注重对二门的修饰装点。这也许是民间“财不露白”的表现。

图 4–5　垂花门的运用

2. 民居装饰文化内涵

民居装饰作为艺术门类之一，必然会反映当地人们的习俗、文化等内容。徐州古民居装饰的题材内容，尽管种类繁多，但按其思想观念的内容来分类，可归纳为趋吉避凶的观念意识、“天人合一”的宇宙观念、阴阳五行的观念意识和礼制观念四大组成部分，下面分别进行阐述。

1）趋吉避凶的观念意识

每个民族都有自己的文化，它表达了本民族独特的观念意识，这些观念意识的范围涉及面极为广泛，包括人生观、道德观、宗教观、艺术观、民俗信仰等。不同的民族文化虽存在着差异，但人类的一些共同基本生理、

图 4–6　房胆的应用

图 4–7　与自然的和谐

心理特性，使各民族在观念意识上都有一个共向的特点，就是追求吉祥、幸福，希望一切事物都能对自身有利。

在徐州古民居的装饰题材中，处处可以看到人们利用象征、谐音、假借等形声手法，以及利用直观的形象表达非本身意义的内容来企盼吉庆祥瑞。如在民居装饰中常用石榴（象征多子）、牡丹（表示富贵）、梅花、桃子（代表长寿）、狮子（权势、富贵、镇宅、驱邪）、如意（事事如意）、古钱币、八仙、蝙蝠、莲花等纹样组成，表达美好的愿望。这一类题材往往形式活泼、出口吉利，是当地乡民喜闻乐见的一种艺术形态（图 4–8、图 4–9）。[1]

---

[1] 孙大章 . 中国民居研究［M］. 北京：中国建筑工业出版社，2004：8.

图 4-8　花草寄愿

图 4-9　钱形求富

当然，对于一些人们认为不利的因素应当极力避免。在民居中，装饰尽量避免不吉利的图案，庭院内也不种桑树（丧）、槐树（坏），而多种石榴（多子）、桂树（贵）。徐州古民居建筑中椽子的根数有讲究，不能为单数（一子单传不吉利）；椽子不能正压在梁中缝上，否则即构成“扰梁”，不吉利；瓦垄必须底瓦居中，否则即构成不吉利的“穿心箭”；建筑门、窗洞口不能正对山墙的排山勾滴，但可对山尖，所谓“能对三山，不对一肺（音）”，这是徐州地区院落布局的最大忌讳（图 4-10 ~ 图 4-12）。❶

❶ 李新建，李岚．苏北金字梁架及其文化意义［J］．建筑师，2005（6）．

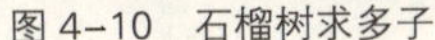

图 4–10 石榴树求多子

图 4–11 桂花树求富贵

2)“天人合一”的宇宙观念

中国儒学倡导“天人合一”的思想，“天”是指无所不包括的自然，是客体；“人”是与天地共生的人，是主体。“天人合一”是主体融入客体，形成二者的根本统一、和谐共处。在传统的农业社会，科学技术不发达，生产力水平低下，人们相信大自然的背后都有某种神秘的力量，因而将其人格化并希望能与之和谐相处。于是，上自玉皇王母、下至土地公婆，人们都给予其恰得其所的巧妙安排，诸神的职责各有分工，其安置的处所也各有不同。大门设门神，壁龛中置土地神，室内有灶神、财神，室外有照壁、石敢当，可谓内容广泛、题材多样（图 4–13、图 4–14）。

图 4-12　金字梁求吉利

图 4-13　结婚拜天地

3）阴阳五行的观念意识

阴阳五行的观念意识同样深刻地影响到了中国传统民居的装饰文化。阴阳五行学说源于战国时期，“阴阳”指宇宙间贯通物质和人事的矛盾对立面，大自然的生命在于阴阳的结合，两者互补依存、均衡协调，如有阳必有阴、有天必有地、有日必有月等。“五行”是构成万物的基本元素，指水、火、木、金、土五种物质，古人认为它们是形成并支配自然和社会的原因，宇宙万物均按阴阳五行法则的规律来运行。

在徐州前院正堂和客厅，装饰强调高大威严、富丽华贵的阳刚之气；后院多为卧室及辅助用房，其装饰强调幽深雅静的阴柔之气。“阴阳五行”

图 4-14　室内供神大堂

的观念不仅强调阴阳的对立，同时也重视阴阳的中和与互补。这种思想反映在中国传统建筑审美中，表现为建筑结构的虚实互补，墙体与雕窗，基座与栏杆，横梁与竖柱，方正框架与飞檐翘角，都是实中有虚、虚中有实、虚实相间、阴阳结合（图 4–15、图 4–16）。❶

4）礼制观念

礼制观念是伴随着农耕社会的发展应运而生的。“礼”的精神就是秩序与和谐，其核心内容为宗法和等级制度。礼制思想提倡君惠臣忠、父慈子孝、兄友弟恭、夫唱妇随、男女有别、宾主有异的社会秩序。在室内陈设中，堂屋上方一般设有匾额，在宗祠设有拜祭祖先或神仙的牌位，而且在装饰图案内容的选择上，也是匠心独运、深思熟虑，使人们不仅在感官上获得愉悦，而且在精神上得到潜移默化的影响，从而达到儒家“成教化，劝人伦”的教育目的，并使礼制的观念得以体现（图 4–17 ~ 图 4–19）。❷

图 4–15　方正框架与飞檐翘角

图 4–16　墙体与雕窗

❶ 王振复，杨敏芝 . 人居文化——中国建筑个体形象［M］. 上海：复旦大学出版社，2001.

❷ 王其钧 . 中国民间住宅建筑［M］. 北京：机械工业出版社，2003.

图 4–17　门楼

徐州古民居是历史的见证，通过它可以看到与之相同时代的兴衰成败，可以回味那时的政治、文化、经济与天地自然。我们说徐州古民居有着丰富的文化蕴涵，真谛就在于此。我们研究徐州古民居，是希望通过这些研究使更多的仁人志士了解它，既了解它的存在形式也了解它的历史艺术价值，从而更加珍惜它的存在而加以保护发展，使这优秀的传统居住形式更好地服务于今天的社会，给后人留下过去的、今天的历史，使中华传统建筑文化在中国、在世界得以更加广泛地传播和弘扬。❶

图 4–18　匾额

图 4–19　影壁

❶ 李国华，祝靓．徐州古民居及其文化特点［J］．徐州继续教育学报，2001（3）．

4.3　期盼生存的观念

4.3.1　建筑文化与生命的现象学—存在论的理论维度

我们在论证期盼生存的观念中，并不是就建筑与生命的关系而言的，而是就建筑文化与生命的关系而言的，考虑的是建筑文化与生命的现象学—存在论维度。生命并不是单纯的生活，而是就生命的现象学—存在论意义而言的，生命是一种历时性的存在，或者说生命是生命的绵延。生命并不是独立的存在，它也不是在时间上的横截面。生命是具有指向性的存在，生命是与生命必不可少的文化一体的。建筑文化就是生命必不可少的文化中的一种。

建筑文化并不是独立存在的，这种文化是与生命的绵延息息相关的，建筑文化也不能独立地起作用，而是离不开承载这种文化的生命。生命是生命的绵延，生命是离不开建筑文化的“家”的，离开了建筑文化，生命则会丧失自身的栖居地。生命的绵延现象与建筑文化是从存在论的维度来讲的。生命的生存就是生命的绵延，生命的绵延是生命的最真实的存在，建筑文化与生命绵延的关系也是始源性的。生命的绵延是就生命的历时性、生命的生生不息方面来讲的。就人与生命来说，人是生命的存在，生命既是具体的，又是绵延的，是作为生命的人的具体存在。人是小写的、具体的、活生生的人，人处于历时性之中；作为生命存在的人并不是形而上学的一个空洞的形象，因为作为空洞形象的人或者说本质的人是要死亡的人，对于此种“人”的死亡，福柯以庆幸的口吻说：“人将被抹去，如同大海边沙滩上的一张脸”。[1] 重视生命的存在其实就是重视具体的人的存在，这种存在与建筑文化是密不可分的。

文化中有一种文化力，文化力是自在的，并不是自为的，文化力与具有主体能动性的人相结合形成了人文力，这种人文就有大小、方向和作用点，就是一种自为的力。由于物理学的力遵守力的“平行四边形法则”，就是起决定方向的力是力的合力。这种人文力也遵守力的“平行四边形法则”。建筑文化与人的有机结合产生的最主要的力的方向也是力的合力的结果。建筑文化是在对生命的关怀中形成的文化形态，体现了生命的最本真的文化形态，文化是具有传承性的。文化又是具有教化性的，文化对生命的教化使生命得以绵延，从这个意义上说，建筑文化是比某一个宏伟的建筑更具有对生命绵延的第一性的。必须立足于生命的现象学—存在论与建筑文化的维度来看待人的期盼生存的观念。期盼生存就是使生命能得到绵延，生命在绵延的历时性中，要遵守一定的规范。

我国的传统文化本就具有对生命的现象学—存在论意义上的维度，文化与生命的绵延是不分的。我国的传统文化哲学结构是儒、道、佛三位一体的结构：孔子开创的儒家学派提倡“五伦”、“四心”、“四德”、“忠

---

[1] （法）米歇尔・福柯．词与物［M］．莫伟民译．上海：三联出版社，2001：506.

恕”、“仁”等思想，就“五伦”来说，父子、兄弟是天伦，君臣、朋友是人伦，夫妇则介于天人之间。“人伦本于天伦”而立。其实“五伦”包含一种秩序情结，这种秩序情结在建筑文化上就是房屋的规模、装饰要合乎“礼”的要求。

仁是儒家世界的道德之基，仁的本质是爱人。仁虽然是爱人，但仁爱有差爱和泛爱的区别，泛爱指仁爱的一般本质而言的，而差爱在家庭和社会中都有其表现：“在家庭中表现为‘亲亲有术’，而在社会中表现为‘爱人有等’”。[1]那么，反映到建筑文化上就是建筑的差异性。道家智慧的真谛是“明哲保身”，保身也就是保存生命，保身不是一般意义上的，而是通过“心”的澄明到达保身，强调“心”不为“物”所累，才能“身处世而心逍遥”，追求精神的超越和“心”的自由。达到“心”的自由主要有两种方式：一种是“齐”，齐是非，齐善恶，通过相对主义的手段，消解一切差异；另一种就是“忘”，忘掉一切。反映到建筑文化上就是进行宗教崇拜的道观，宗教的崇拜也是保存生命的一种方式。佛家主张“三世轮回”与“佛祖存在”，认为“人人具有佛性”，就是不信佛、完全断了善根的人也具有佛性。佛家的“自渡渡人”和“我不入地狱，谁入地狱”的献身精神虽然有很强的宗教意味，但也体现了佛家的一种精神境界，当然反映在建筑上就是寺庙及佛像的存在。佛家和道家的宗

[1] 樊浩．道德形而上学体系的精神哲学基础［M］．北京：中国社会科学出版社，2006：528.

教崇拜所导致的建筑文化具有很强的宗教性，对生命绵延的保存是建立在对所崇拜的对象的畏惧上的。

生命的绵延是在一定的历史体系中的绵延，人是具体的历史的人，与生命绵延息息相关的建筑文化也是具有历史性的。期盼生存具体地说也就是生命的绵延，建筑文化的历史性反映在中国历史发展的各个时期，即是建筑的规模、样式的不同。由于建筑文化是在技术与艺术的对话中展现的，那么就建筑是一门艺术来说，艺术向人展示也就是艺术的美的绽现与人的坦然接受的实践。在此种艺术化的实践中，不仅给人带来精神的愉悦，还带来身体的审美享受。

就承载生命的身体来说，身体与建筑也是不分的，法国哲学家梅洛—庞蒂的身体现象学就认为身体与世界是可逆的。他举了“断肢现象”来说明身体与世界的关系，断肢者无意识中还在用断肢来处理与周遭事物的关系，这就说明身体与世界是一体的。由此，就身体的现象学来说，身体也是与建筑一体的，身体与建筑的关系，其实就是生命与建筑的关系。我们现在一再地要强调一个问题，生命的绵延是与建筑文化密切相关的，生命是生命的绵延之流。而文化也是具有传承性的，这种传承性其实也可以看做是文化的绵延。就建筑文化与生命绵延的理论维度来说，生命的绵延与建筑文化是始源的一体关系。

西方人和中国人都有强烈的保存生命、期盼生存的意识，西方人认为精神是永恒的、不死的，身体是要腐朽的东西。西方人更重视的是对自身精神的净化与修行，也就是精神的苦修，精神最终要回到幸福的天国，在天国中，精神才能获得永恒，因此西方人更重视宗教。在宗教中，精神才能获得永恒，他们的生命的绵延大多是从精神上而言的，就是对自身的精神关怀。但西方和中国在生命绵延方面的实践维度是不同的，中国人追求的是血统的绵延、多子多孙，因此中国人的宗法观比较强烈。但中国人的精神里也有追求精神永恒的思想，如“为天地立言，为民生立道，为往圣绝学，为万世开太平”的思想，这种思想可以说就是追求精神永恒的思想。但此种思想永恒的追求是对那些所谓的“大人”而言的，而“芸芸小人”在追求生命的永恒绵延方面来说，恰恰是通过血统的绵延，也就是中国的生殖文化中一直强调的多子多孙的观念，这种观念其实是对死亡所带来的虚无的抗衡，是追求生命绵延的一种文化上的表现。那么此种观念反映在建筑上则是院落文化，中国人赞赏“多世同堂”的观念，中国古代的男人可以三妻四妾，在生命的绵延中重视男性而轻视女性都是与中国人追求生命永恒绵延的观念相适应的。

在中国古代男人的妻妾中，有严格的等级，在建筑文化上的反映就是妻妾所居住的院落的位置，及房屋的大小是不一样的。西方人的生命的绵延更重视的是精神的追求，是精神的不朽，生命的绵延也就是精神的绵延，所以西方人重视宗教对自身的精神净化。中国人的生命的永恒绵延反映在血统的绵延上，在中国古代文化中的反映就是“家国一体，天人合一”的结构，在建筑文化上的反映就是“礼”的思想侵入建筑文化之中。但中国的建筑文化与生命绵延的关系是始源一体的，建筑文化与生命绵延的各个方面是息息相关的，建筑文化是生命绵延的建筑文化，是保全生命的建筑文化。探讨了建筑文化与生命的现象学—存在论的理论维度，我们还要继续探讨建筑文化与生命的现象学—存在论的实践维度。

4.3.2　建筑文化与生命的现象学—存在论的实践维度

在黑格尔的《精神现象学》中，黑格尔论述了精神的自我运动和自我发展，从个体向实体的回归。生命也要回归到实体中，那就是生命绵延永恒。生命怎样才能永恒，中国人和西方人的观念和做法是不同的。西方人追求的永恒大多是就精神上而言的，而中国人的永恒就是保证血统的绵延，反映在生活中就是多子多孙的观念。

中国人的这种期盼生存的思想反映在家庭建筑文化上就是“多代同堂”的院落结构和“风水观”。院落首先保障了生命的安全，纵观中国的历史既是一部人类文明发展史，也是一部战争史，大小战争在古代中国连绵不断。逃避战火、免于杀戮、保存生命长期存在于中国人的心灵深处。久而久之，缺乏安全感、寻求对生命保护的意识逐渐积淀下来，形成了中国人独特的忧患危机情结。建筑活动由对自然灾害的防御演化到后来竟成为逃逸“人祸”的庇护所。中国传统院落式建筑内部空间流畅、门窗开敞，而外墙厚实、高大、封闭。这一特征在逃避战乱中对生命的保存有重要意义，但也形成了对生命的消极态度，如“老死不相往来”等，当然院落这种建筑文化对生命绵延的保护作用是首位的。

在以院落为中心的建筑文化中，更展现了伦理的因素，在建筑的布局上也要求人们“安伦尽分”，就是以“礼”为规范，“礼”讲究的是“长尊幼卑、男尊女卑、嫡尊庶卑”的伦理观念和等级制度观念，此种生活中的礼俗习惯影响了建筑空间的形式。如传统四合院在平面布局中采用的空间次序与层次、主次建筑的方位、朝向、门堂分立、递进等一系列规划设计手法都体现了“礼”的秩序与意识，遵守礼是对生命的约束和规范，其实是对生命绵延的一种保护，因为“礼”体现了一种秩序。在院落中又以“北屋为尊、两厢次之、倒座为宾”，体现了主次尊卑的思想观念。《礼记》里讲“中也者，天下之大本也”，反映到建筑上，则要求“中正”，因为“不中不正”、“不正不尊”。在宏大规模的建筑主群上沿南北中轴的发展正是这一观念的体现。沉重的“礼”统治了中国数千年，成了中国人的精神枷锁。

过分的压抑势必造成心灵的扭曲。为了寻求心理的平衡，于是就同时有了与“礼”相对应的“乐”。“乐者，天地之和也，一和，故万物皆化”，“乐”让生命的绵延更和谐。建筑上，在严格遵循“礼制”的同时从没忘记对“乐”的追求。装饰性地使用结构构件、多种视觉艺术（绘画、书法、雕刻等）、文学艺术（诗、对联、题字、匾额、家训等）形式汇于建筑一身是“乐”的表现，而建筑围合的“院”则是“乐”的艺术升华。这里，建筑是“礼”，庭院是“乐”。建筑与庭院共同作用形成了礼乐共存的载体，这个载体是生命绵延的保护所。置身院中，抬头见蓝天白云，感受四季冷暖；低头弄四时花草，体味生命兴衰；一方桌几张椅，些许花生米下酒；生老病死、喜怒哀乐尽叙其中。在此种建筑文化氛围中，可反思生命，体悟生命的绵延，更好地维护生命的绵延。

就园林建筑文化与生命的绵延实践方面来说，传统的建筑文化也影响到了中国，其中道家思想对传统园林的影响更多。传统园林更体现了道家"出世"、"超然"、"天地与我共生，万物与我为一"[1]的"天人合一"、"物我一体"的自然观，强调了建筑与自然保持一种和谐的状态。禅宗的"顿悟见心"强调审美者的内心对生命绵延的体验与对自然的直觉感情合一的心态。对"美"要求人心具有共同感，这种共同感是先验的，因此人们才能承认事物是美的，欣赏园林也要用此种共同感的心态，体悟生命的勃发与绵延。当然园林是艺术、是建筑文化的现实化，欣赏园林艺术展现的美要用人的知性加想象力。想象力恰恰是要求人虚出一种艺术化的想象来看待园林景观的草草木木，能在思想层面上构筑以小见大、咫尺山林的园林空间，想象的"虚"就将园林空间的"画境"升华到了"诗境"。

古代士大夫阶层有更多的闲暇，能思考生命的绵延和自然本身，他们从诗、书、画各艺术领域获得对自然和生命绵延的体验和领悟，并把这种感悟反映到园林的建筑文化中：园中的山水、片石、枯藤、小桥往往用于

---

❶ 庄子 · 齐物论 .

营造诗人的诗意般的园林空间，这个空间能够被独立地鉴赏，被细细品味。就是游人身临其境也会在蓦然间激起对传统山水艺术的回忆和向往，体会到艺术与生命的绵延，这是建筑文化对人的熏陶。这时建筑环境所激发的不只是人对空间感受的体验，而是对文化与生命关系的深层触动，真正引发了生命的绵延与建筑文化的互动。

就建筑文化中的风水文化来说，风水文化不仅反映在微观方面的家庭院落及与墓地的选址上，宏观方面的皇家建筑布局及园林设计也是讲究风水文化的。在一定的时期内，国人对风水文化采取了较偏激的解释——带有封建迷信的东西。其实风水并不一定就是这样的，风水观恰恰是讲究建筑的自然布局的，也就是说符合风水观的建筑布局的合理与否关系到生命的绵延，风水观就是为了实现生命的绵延，风水与人的关系也有“天人合一”的意义，建筑文化中的风水文化与人的关系也具有现象学—存在论意义上的始源关系。

风水学的思想依据来源于《易经》，风水的选择是古代中国先人关于选择居住环境的一种实用而朴素的技能。后来随着中国人有关“天人合一”思想系统的建立和《易经》的不断丰富完善并全面影响到社会生活，风水学说开始构架起自己的理论，用实践中积累的丰富经验，全方位地影响和改变中国人的生活环境。风水的基本取向是关注人与建筑、自然的关系，即“天人”关系，与中国数千年的“天人合一”宇宙观和审美观保持着一致。“宅吉则人荣”的观念深深地烙印在中国人的脑海里。先

贤云："卜筮不精，惑于一事；医药不精，害于一人；地理不精，倾家灭族。"可见风水的选择是与人的生命的绵延相关的。在建筑文化中，对于保护生命的宅院的选择也是有深深的文化内涵的。所谓"宅，择也；宅择吉处而营之也。"风水强调"夫宅者，乃是阴阳之枢纽，人伦之轨模。故宅者人之本，人以宅为家。居若安，即家代昌吉；若不安，则门族衰微。"由此可见中国古人为了安居乐业和世代昌盛也就是生命的绵延，就不能不注重风水，并千方百计寻找风水宝地。风水学中对屋宅的地点选择、朝向、内部构造设计和布局都很讲究，人居于宅中，能感受到各种自然界的信息影响，而住宅可以起到调整、疏导、化解、整合各种信息的作用。屋宅时时刻刻影响着人的精神情绪、身心健康，进而影响人的事业、财运和家庭情感等各方面。

因此风水就是对环境的把握和调整，对天时、地利、人和的准确认识和运用。风水学主要包含三个重要的因素，一是大环境；二是小环境；三是人的德性。所谓"福地福人居"。福人乃是有德之人。这体现了高度的天人合一的思想。风水讲究积德。"方寸即心"，也就是要多想善事。欲得阴地好，先须心地好。要求好风水，当以积德为本。若德之不修，纵使觅得好风水，后人不蒙福，反见凶祸。可见，不修德而求好风水，就如不耕种而求收获，怎么可能得到呢？由此可见，风水的这一思想，有利于社会风尚的提高和社会的和谐，更好地保护生命的绵延。但风水学在长时间的流传、演变过程中，被人为地掺杂了许多神秘甚至夸大的成分，同时因受习俗、观念和保守心理的影响而致使真正的精粹部分极少传播，导致许多谬论大行其道误导世人，客观地说这也成为风水被视为迷信的主要原因。

建筑文化与生命绵延的关系是始源的一体性关系，生命的绵延是人的生存期盼，文化中的文化力与能动性的人结合所形成的人文力是保证生命绵延的深层动力。生命本身也具有一种力，那就是生命的冲动力。生命的冲动力首先具有保存生命绵延的作用，其次生命的冲动力具有激情具有创造性。就建筑方面来说，生命的绵延中创造出了辉煌的建筑文化。生命冲动力的方向是多维的，但总的方向是向上的。建筑文化中也有一种文化力，文化力对生命绵延的作用方向与生命的总的向上的方向是一致的，这样才能保证建筑文化与生命绵延的始源一体性关系。建筑文化与生命的现象学—存在论的实践维度深深体现在中国传统建筑实践中。

第5章　保护·继承

建筑是石头的史书，传统民居作为物质和精神文化的载体，经历了内与外等多方面因素的影响而逐步沉淀和再生，保留下来了古老而富有民族特色的生活方式和时代烙印。徐州传统民居是我国传统民居的一部分，如何能保护和继承它们，需要我们去努力。

5.1 徐州传统民居的保护

5.1.1 徐州传统民居的现状

1．我国民居建筑的现状

1）房屋陈旧、老化

由于维护的力度不够，一些房屋因为年代久远，显得比较陈旧、老化，虽然可以体现出一丝历史的沧桑感，但也应该注意保持好的风貌，注意对破损的房屋进行整修和翻新。

2）现代砖混建筑对传统景观的干扰

近年，随着时代的发展，一些居民自己建造了一些现代砖混结构的建筑，作为自家居住、生活之用。这些建筑外观上并没有多少特色，对传统特色景观有一定的干扰，并且在数量上有增加的趋势。许多乡村、城镇新建的大量建筑，几乎都是千篇一律，简单的雷同，没有体现出各地建筑文化的差异性、特色传统。这种情况如何避免，在今后的建设中我们应该如何改建？没有特色的砖混房子不仅对美学效果有一定的破坏，而且对传统文化的传承也不利。因此，民居建筑如何增强现代舒适感又体现传统风格是徐州传统民居实现可持续发展的关键问题之一。

3）保护传统文化的意识还不够

传统民居世代相传，是传统建筑文化的精华，但是从现在民居发展的情况来看，许多地区对传统建筑保护的意识还不够，还没有行动起来进行保护，缺乏有效的、有针对性的措施。在近些年的城市发展中，大批传统建筑被夷为平地，取而代之的是一座座相似的高楼大厦，城市的面貌越来越千篇一律。交通方式的改变，让古老的青石窄巷或被遗弃，或破坏了原有肌理；新建的农宅中，传统形式很难再见到；旅游观光的开发不当，使村庄变得过度商业化，往日的村落文化逐渐丧失。

一个地方的建筑与当地的自然、地理、社会历史文化等因素是相互融合的，正是因为各地区的背景条件不同，才产生了这个区域所特有的建筑形式和风格。人们常说地区主义建筑的发展应该是以传统民居为基础的，因此传统民居是地方主义建筑的源泉。

2. 徐州民居建筑的现状

通过对徐州传统民居的不完整考察和调研，发现徐州传统民居破坏十分严重。一方面，在城市建设中，房地产开发商出于经济价值的考虑，将大量的古民居拆除，建造高层住宅。城市规模的扩大、公共建筑的建设，都使得民居正以惊人的速度消失。另一方面，传统民居也存在着自然风化的问题。徐州的大部分地区，建筑的主要材料以木材、砖石为主。随着时间的推移，木质材料的建筑就会由于潮湿、腐蚀等问题而遭受破坏，甚至倒塌。在窑湾地区，许多房子已经倒塌，无人居住，院内长满野草。再者，许多民居人为毁坏也十分严重。许多居住者出于居住的需要，对自家的古民居进行拆改或重建，在调查中就发现，许多村民将自家的古民居拆掉，改建了一栋平屋顶楼房。一些多重的套院，新中国成立以来一直由许多户分住，各户任意改造，封门堵窗另开院门，破坏了大院原有的完整。街道

空间也被随意侵占，墙上乱贴乱涂，许多街道节点堆满大量垃圾。还有一种情况是，我们常常看到一些人为损坏严重的装饰构件，询问原因才知道是在“文革”时期，被烧了、被砸了……

由于家庭结构的变化，传统的大家庭被一个个小家庭代替，徐州传统民居也不能满足现代居民的生活需求。传统民居街巷狭窄，交通不便，民居内潮湿、采光差，水管道、气管道很难入户，使得人们不愿在老宅内居住，使得老房子渐渐衰落（图 5−1、图 5−2）。

5.1.2　徐州传统民居保护的意义

建筑是文化的载体，建筑也最能反映各个时期建筑本身的技术与艺术水平，而且也反映出各方面科学技术、文化历史遗存。徐州地区有着几千

图 5−1　徐州古民居现状（一）

图5-2 徐州古民居现状（二）

年文明史，徐州民居是徐州特定地域、社会和历史的产物，是徐州文化的物质载体和重要的文化遗产，是不可再生的人文历史景观，是中华文明重要的组成部分。徐州传统民居受到当地的楚汉文化的影响，研究徐州传统民居也是为了更好地保护、继承和发扬徐州文化，丰富中国传统文化宝库（图5-3）。

徐州传统民居为徐州地区区域性建筑创作提供了良好的参考价值。在当今建筑界，地域性建筑的讨论日趋激烈，建筑的地域性已被提高到很高的重视程度上。地域性建筑应该表现出地域材料、形体、功能以及意识观念的影响，而所有的这些都在徐州传统民居中得到很好的体现。徐州民居经过漫长的历史积淀，无论是总体布局，还是设计和营造上无不反映当时

图 5-3　古代徐州想象图

的建筑技术、建筑材料、生产力水平、经济实力状况，它们都是适应地理气候的产物，并且因地制宜、就地取材，具有极好的适应性，反映了民俗、民风、民情，是民族文化的集中表现。这些都为当代地域性建筑提供了很好的借鉴作用。自近代以来，徐州地区古民居都在不同程度上受到自然灾害的侵袭、战争与动乱年代的人为破坏以及现代文明的冲击，有的已经面目全非。剩下保存比较完整的古民居，也面临着越来越大的保护压力。如何在城市发展的同时，更好地加强对古建筑（包括乡村古民居）的保护，已成为一个需要认真思考和亟待解决的重要问题。调查研究发现徐州地区古民居有独特的历史和文化，有较高的文物、民俗、历史、人文的观赏价值和审美价值。特色是灵魂，个性是特征，是区别地区建筑的标志。保护古民居，就是要保护古民居的特色。徐州地区古民居是中华文化和彭祖文化的产物，其特色表现在多方面，如建筑布局、空间、材料、结构、装饰、环境及当地的风土人情等（图 5-4 ~图 5-7）。

在对古民居保护的同时，还要针对古民居的特色和当地的实际情况，

图 5-4　徐州古民居“万”形图案

图 5-5　徐州古民居花窗

图5-6 徐州古民居窗户造型

图5-7 徐州古民居影壁墙

加强政策立法，合理规划，有效地组织管理，进行开发利用。充分认识古民居的功能和作用，开发利用，是保护古民居的有效途径之一。

当今社会旅游业已成为各国、各地区重要的支柱产业，乡村游也已成为了旅游的一个新热点。随着社会的发展，各地都在重新寻找自身的文化定位，回归自然和回归传统。人文景观的旅游热在各地兴起。对徐州传统民居保护同样可以发展当地的旅游产业。徐州部分民居，可以在整修之后，作为历史的见证、民风民俗的展示向游客开放。在徐州户部山的余家大院是很好的例子，也取得了很好的经济价值。对于徐州地区有特色的古民居加强保护和开发，打造特色产品，发展乡村旅游，让更多的人了解古民居，有利于改善当地居民的生活状况、提高保护古民居的社会环境条件（如对外交通、通信条件的改善）、外部“保护资金”的引入等，以发展当地经济。保护的现实意义明显，是一项“功在当代、利在千秋”的大事。

徐州传统民居同其他古建筑一样，是历史留下的财富，这种财富既是物质的，更是精神的，这是许多发达国家在现代化进程中经历过许多经验与教训后得出的共识。重视和保护古民居，就是重视历史、重视文化，更是重视未来。通过对徐州地区有传统及现代价值的古民居的特色保护，可以展示和传播传统建筑文化，教育和启发将来。

传统民居的价值

在传统建筑中，宫殿和神庙容易令人产生敬畏和疏离，而民居作为乡民们生活的舞台，是最朴实、率真和富有人情味的部分。中国传统民居的历史源远流长，从选址、布局、结构和料等方面，无不体现着因地制宜、因山就势、相地构屋和因材施工的营建思想，样式极为丰富。民居不仅是一个物质环境，也是传统文化的载体。院落式、天井式、楼居式、碉、毡包等各种具有地方特色的传统民居，蕴涵着劳动人民百年来的生活智慧和价值观念，以及浓郁的地域文化。如：京城里严整的四合院，最能揭示古代社会长幼有序、上下有分、内外有别的礼教；苏州幽静雅致的园林，飘散着江南水乡特有的意韵；徽州的高院和马头墙，体现着当地商贾、仁人志士的生活意识；依山傍水、随势赋形的吊脚楼，“下养畜、中居人、上贮粮”，为土家山民提供了实用的生活空间……中国传统民居的建筑艺术，是如此丰富精湛又意趣盎然。

民居是最量大面广的建筑类型，与老百姓的生活息息相关，它是一个地区人民生活方式、经济水平、审美意识、社会结构等各个方面历史文化综合信息的载体。对于国家来说也是最重要的，它关系到农村土地问题、资源问题、环境问题以及地方特色历史文脉的维持和发展等。

传统民居建筑作为传统文化既定的载体之一，具有历史价值、文化价值、科学价值、环境价值、艺术价值、教育价值、使用价值、建筑创作的价值、社会价值和经济价值。调查徐州地区传统民居，发现其特色鲜明，保护和研究的意义明显，主要体现在以下几个方面。

1）历史与文化的价值

“建筑，从文化整体来看，本应属于‘器物’（工艺、器物）之列，但就建筑自身而言，它既涉及工艺器物，也涉及礼仪纲常。”作为传统建筑的一个重要组成部分的民居建筑，有其自在的历史和文化内涵，是特定历史、文化的产物，是某种特定文化所固有的建筑和装修形式，是不同自然、社会、历史条件下人们生活方式和生活习惯的体现，是社会与它所在地区关系的基本表现，同时也是世界文化多样性的一种表现。

徐州古称彭城，为华夏九州之一（夏禹治水时，把全国疆域分为九州），地处南北方过渡地带，为北国锁钥、南国门户，向来为兵家必争之战略要地。文化悠久，是著名的帝王之乡，历史上有 11 位徐州籍皇帝。帝尧时彭祖建大彭氏国，彭城因而得名。夏商时期，大彭氏国很强盛，曾为五霸之一。春秋战国时期，彭城为宋邑，徐国国都、楚国国都。秦汉之际，西楚霸王项羽建都彭城。彭城还是西汉、东汉、三国时曹魏和西晋等三朝封国的国都，长达 500 多年。从这里走出的布衣皇帝汉高祖刘邦则一统天下，开创了历史上辉煌的汉王朝。西汉时期，彭城为刘氏同姓王的重要封国——楚国和彭城国。东汉末年，曹操迁徐州刺史治彭城，始称徐州。徐州又有“千

图 5-8 帝王之乡

年龙飞地、一代帝王乡”之誉。徐州，是汉高祖刘邦的故乡，也是其发迹之地（图 5-8）。

徐州地区的传统民居是苏北特定地域的自然、社会和历史的产物，与苏南其他地区的传统民居一起，是苏文化的物质载体和重要的文化遗产，是不可再生的人文景观，也是对中华文化的继承和光大。研究徐州地区的传统民居就是为了更好地保护、继承和发扬该地区的传统建筑文化，繁荣建筑创作，丰富中华建筑文化的总宝库。对徐州地区具有历史、文化、艺术、科学、实用、经济等价值的传统民居进行形态与文化研究，有利于发现和挖掘传统民居的历史价值，保护具有历史特点的传统古民居的风貌格局，并发掘历史信息及其所蕴涵的传统文化。一位历史学家在中国历史文化名城研讨会上这样说：“像徐州这样的城市，荟萃两汉文化如此丰盛的内容，在中国的历史名城中是绝无仅有的。”

2）艺术与教育的价值

“建筑作为一种空间造型艺术，具有观赏的意义。建筑师创造的建筑作品也如同雕塑家推敲他们的雕塑艺术品一样，经过长时间的审视和思索，以求得美的造型”。很多传统民居既是土木建筑的技术成就，也是民俗文化的艺术精品，体现了民居历代主人对建筑审美的艺术追求。传统古民居的空间布局、建筑的平面构成及装饰系统常常带有深厚的历史文化内涵和浓郁的象征意义，体现了中国传统民居建筑中装饰装修的审美追求。传统民居的门、窗、墙等多有装饰与雕塑，图案多为吉祥的动、植物或如意、宝瓶等，取富贵平安、吉祥如意的兆头。如门板的腰板上常会雕刻些蝙蝠（福）、鹿（禄）、蜜蜂、猴子（封侯）等中国民间有谐音寓意的图案，或是雕刻二十四孝的故事劝世人向善，或者表现寒窗苦读等。徐州地区传统民居中这样的装饰装修很多，体现了人们对美好生活的向往和追求（图 5–9）。在过去，它们常常作为宣传伦理、教化思想的手段；今天，仍然是艺术欣赏、教育后代的重要内容，具有很高的艺术与教育的价值。

3）科学与环境的价值

中国传统建筑既注重情感的表达，也注重情感的节制；既注重形式美的追求，又注重理性的创造；“文”与“质”并重，合目的性与合理性并存。这种现象在传统民居建筑中同样普遍存在。例如在徐州地区传统古民居中，柱头的斜撑（牛腿或雀替）、门枕边的抱鼓石、檐口的七字挑梁、厅边的

图 5–9　传统装饰的象征意义

图 5-10　徐州古民居剪影

垂莲柱、门簪、铺首、经过雕饰造型的门头（户对）和梁间短柱镂空的花窗、墙头的叠瓦等，无一不是附于它们的结构、构造及使用功能上，表现为形式与功能的统一，体现了科学的理性精神。科学是认识和改造自然界的客观知识。考察建筑，究其环境，民居建筑的科学性还体现在它们对环境的选择和利用上。保存较好的传统民居一般有着相对稳定的自然环境及居住人群，并且这种居住形态是自然、人文及人居环境长期相互作用、相互选择形成的，与自然相互依存。徐州地区传统古民居对环境的选择、利用和改造，充分体现了中国古代建筑选址和布局的“天人合一”思想。选择“大”环境，注重“小”气候，讲究居住的生态条件，仍然是我们今天的建筑选址和布局的重要原则（图 5-10）。

4）社会与经济的价值

徐州地区传统古民居适应了当地的气候环境，运用当地的材料和技术，自然生态平衡发展，体现了特定的文化特质及场所精神，体现了“可持续发展”的理论；聚族而居，集中体现了我国古代农耕社会“家大业大，源远流长”的建筑思想，具有强大的向心力和凝聚力，在当时促进了社会的稳定和人际关系的和谐发展，社会价值巨大。在当今社会，徐州地区还有很多传统古民居仍保存较好，如徐州户部山的余家大院等，它们自然生态环境优越，历史文化优秀，民风淳朴，基础设施较好，只要稍作改进，便可开发民居村落旅游业，预计经济价值是可观的。

5.1.3　徐州传统民居保护的手段

徐州传统民居及其相关文化需要保护，保护中我们需要采取一些相关的手段来配合，我们应该尽早积极地行动起来，开展研究，深入调研，制定保护传统建筑文化的相关条例，使得保护工作有章可循，有明确的法律依据。

1. 先普查，划出保护范围与重点保护民居

徐州的地域面积较大，普查工作相对困难，但是不摸清家底，很难做出决定。我们可以通过当地的建设部门和文物部门的上报，可能会在短时间内取得成果。除此之外，我们可以利用高校学生实地考察、测量，也可以会有许多新发现。

在调查的基础上，我们对徐州古民居村落进行分级，将一些年代比较久远、保存比较完好、能代表徐州民居特色的村落作为 A 级，对它们严格按照国家的相关规定和标准采取保护，在不改变文物原状的原则下对村内重点建筑加以保存并进行精确的修缮；而将其他普通传统民居村落作为 B 级，采取在不改变其完整的群落状态与历史原貌的方式下，可以依据当地的经济文化发展的现状与要求，从开发古民居的旅游的角度去考虑改建或重建。

在保护好整个村落的条件下，针对古村落村内建筑性质的不同，可分为文物性质与风貌性质两种保护形式。因为保护要求与目的不同，其各自存在一定的特殊性。前者一砖一瓦、一个摆设都不能动，而后者在保护的同时，除了在保护原有建筑风貌以外，还应特别注意挖掘建筑自身再造的可能性与潜力，可以根据今后开发的需要对其内部结构和功能进行适当的修建或改造。

2. 政府参与出资维修

在划出保护范围与重点保护民居之后，政府可以选出一些在形式、布局、装饰上具有代表性，并且至今保存得比较完善的民居，对它进行文物性保护。通过现在发达的科学技术对其损坏的部分加以修补，尽量做到修旧如旧，对其保存完好的部分加以巩固，把整个建筑当成文物保护起来，以供研究之用。

对于一般的传统民居，我们按历史价值和损坏程度采取不同的措施，结构损害严重的房屋拆除按原有风貌重建；对一些结构基本完整，局部破损的房屋适当调整维修，在保证安全的基础上尽量保留原有材料和形式。在维修传统民居的同时，可以对民居的给水排水、电、气等管线进行布置，力求给当地居民创造一个舒适现代的生活环境。

对于村落中的街巷，我们也应该作适当的调整。比如拆除街道中乱建的新建筑，恢复街巷原貌；街道上的原有店铺，也应该尽量与所存的年代保持一致，新的店面可以通过形式的调整与古村落的风格相协调；对于街道的各个节点空间，也应重新整理修缮，增加古镇的凝聚力。

3. 建立历史文化保护区

将徐州传统民居及其街道列为历史文化保护区，能对徐州传统民居及其周边环境进行有效保护，也能对巷内居民进行妥善安置。如德国阿纳姆市将 50 年前所建的外形美观、有很高价值的房屋称为历史文物建筑，该市政府依据这个标准确定了 1000 个保护文物。又如，我国福州市将三坊七巷列为历史街区；宁波市将秀水街列为历史街区进行保护；杭州市将元

图 5-11　对传统建筑的保护

福巷、留下老街等列为历史街区进行保护；广州市对华侨新村、新河浦实施历史文化保护区保护规划。这些街区的传统民居受到重点保护，随意拆建和开发均属违规。保护区中建筑物高度都受到严格控制（图 5-11）。

我国这些年在城市建设中大规模的改造和过度开发，严重破坏了传统民居及街道的传统风貌。如果违背修旧如旧的初衷，使原先本来真实的历史原物受到了破坏，就会使传统民居成为赝品。如前几年天津在解决现代城市功能需求和老城乡保护性改造方面作了一些尝试。但由于受经济利益的驱使，修建了许多大型公建和商住建筑群，破坏了原有的建筑空间形态，原有的城市历史文化特征随之消失，本应保存和保护的许多建筑文物景点遭到毁灭性的破坏。宽、窄巷子是成都这十余年突飞猛进的旧城改造中仅存的两条老巷子，被成都市列为历史文化保护区。从 2005 年夏天开始，宽、窄两条巷子开始拆迁、改造。街道被扩宽了一些，少数保存完好的民居，只在内部维修，其他有超过一半的民居几乎都是推倒重来。原汁原味的宽、窄巷子再也看不见了。经过大幅度改造、重建后的宽、窄巷子已经失去了以前那样的深沉的魅力，许多人士深表堪忧。

4. 因地制宜地将传统民居打造成游客膳宿和游憩的场所

目前徐州市区传统民居主要用作住宅和商业性铺面，有少量被用作茶馆、旅行社、旅馆。徐州市区的传统民居还可因地制宜作如下打造：

（1）将民居改造成博物馆、展览馆、商铺。传统民居能展现出古人的部分生活面貌，将当地服饰、剪纸、乐器等工艺品在民居中陈列出来，可以提高游人对当地文化全方位、系统的了解。例如在维也纳、罗马和巴黎的古建筑整修过程中，将一些地下古迹（城墙、建筑等）中最有价值的部分向游客和市民开放，展示其悠久的城市文明史，起到了很好的效果。再如我国南京的甘熙故居是大城市中规模最大、保存最完整的古民居建筑，但 2000 年以前一直是门庭冷落车马稀。南京市在甘熙故居内推出南京民俗文化展览后，这儿一下变得热闹非凡。因为市民在欣赏民居建筑、民间工艺的同时还能参加传统儿童游艺、泡老茶馆、学剪纸、画脸谱、唱京昆。南京市近期内还会进一步将其打造成老南京民俗大观园，甘熙故居的价值将进一步得到宣扬，并为当地带来巨大的经济效益。

（2）将民居改造成休闲度假村、旅馆，让游客在民居中吃饭、睡觉，充分感受其文化特色。与许多浮华、洋派、高大的现代建筑相比，传统民居让游客的心理感到亲切、愉悦、温馨、舒适。同时，游客在食宿时有充分的时间欣赏传统的建筑文化，感受传统的生活习俗。将传统民居改造成度假村，也可以满足游客返璞归真的心理需求。

（3）将民居改造成古香古色的餐馆、茶馆。例如，德国阿纳姆市将全市所有中世纪的地窖改造成为酒吧、咖啡馆或餐馆。我国成都市解放北路张家巷口的近 100m 路段的老房被统一改造装修成白墙黑梁的川西民居风格，在周围现代化建筑群中显得尤为引人注目。民居临街的铺面被商家利用起来，装修成了有川西风格的餐馆。传统民居中的茶馆可以为游客提供民俗风情的体验性旅游项目和服务。如，成都传统民居中的茶馆可安排评书、金钱板、川剧等传统文化表演，开辟专门的表演和娱乐场所。

花钱破坏真的文物，然后又花钱建造假的“文物”是目前普遍存在的一种现象。这种文物造假不仅破坏文物，而且极大地损害了传统民居的旅游价值，是一种很愚蠢的做法。所以将传统民居及其街道列为历史文化保护区，应特别注意保护传统民居及其老街的原真性。北京的平安大街当初高调建设，说要打造成什么什么之类的，如今十多年过去了，却仍然有许多房子空荡荡地矗立在道路两旁。这些都是我们应该吸取的教训。

5. 对村民的宣传与教育

传统民居是居民的生活住宅，它的保护离不开广大居民的参与、支持，因此，加强对居民的宣传与教育是非常重要的，要让居民认识到：旅游者到村镇来游玩，就是要欣赏这里的特色景观、体验这里的传统风情。居民应该自觉行动起来，很好地保护、展示自己独特的旅游资源——徐州传统民居建筑，保持原汁原味的旅游特色。如果居民都认识到了这一点，这就成为保护民居建筑的强大的力量。为此，相关管理部门应该多与居民们交流、沟通，了解村民所需所想。要培育居民对传统文化的自豪感，这是一种长期的保护力量。

6. 积极筹集、设立保护基金

徐州民居建筑文化是徐州传统文化的重要组成部分，传统文化保护的工作量大，任务繁重，而当前徐州传统民居保护的资金缺乏，这给保护工作带来了许多困难。为此，建议建立由多方面筹集、省市财政所支持的专项基金，使得传统民居的保护、科研、奖励等方面的工作可以有效进行，给保护工作切实的经济支撑。

1）加强科学研究，增强现代舒适性

科学技术的进步推动着民居建筑的发展，任何民居建筑都带有时代的烙印，不是一成不变的。近年，改善人居环境的呼声越来越高，徐州古民居等传统民居也应该融入新的科技元素，增强现代舒适感。一方面，应注意对普通居民住宅的改造、提升，改进采光效果，防治蚊虫，增强房屋室内的舒适性。另一方面，当今的旅游开发、规划一定要考虑、兼顾当地社区居民的切身利益，只有社区居民确实得到了实惠，他们才会积极地参与到旅游经营活动中来。总之，现代的古民居要给百姓带来利益和实惠，满足大家改善生活的要求。

民居的概念不仅是房子，而是房屋与居住在其中的居民之间的和谐关系。由于生活在其中的居民是现代人，所以把传统民居原封不动地保护起来是很困难的。根据传统建筑的内容、价值、现状等的不同，需要采取不同的措施，对于价值较高或条件较好的要保护。反之，则要改造，改造过程中保持人们所喜爱和习惯的一些传统特征，就是设计中的继承问题。

2）传统建筑元素的抽象与推广

传统民居传承与保护的办法有多种形式。在徐州古民居保存较完好的集中区域，我们期望其能够完整保存下去；在村镇里，我们期望村民盖新房时继续建造传统房子；而在城市、城镇等现代区域，我们期望现代建筑也可以体现出传统的特色。例如，徐州的户部山就可以体现传统建筑的精华，屋顶、窗口、外墙等建筑细节都是表现传统式样的良好载体，有的甚至只是一些抽象的符号，但是当外地旅游者到来时，就可以领略到传统建筑的风采，有更多感性的认识，让其加深对传统民居的印象，而城市的建设也会富有地方特色和韵味，文化底蕴也得到增强。像西双版纳州的景洪

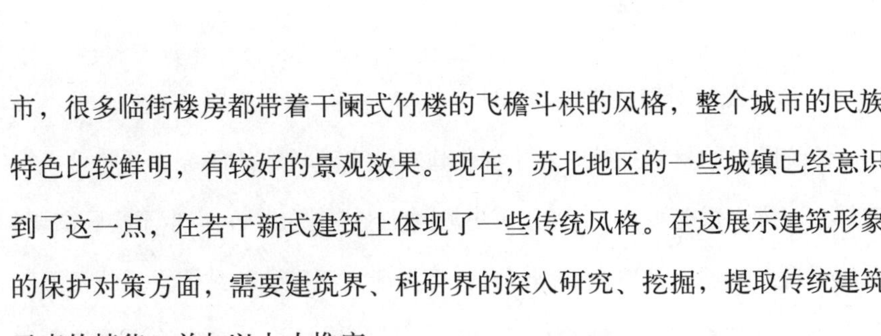

市，很多临街楼房都带着干阑式竹楼的飞檐斗栱的风格，整个城市的民族特色比较鲜明，有较好的景观效果。现在，苏北地区的一些城镇已经意识到了这一点，在若干新式建筑上体现了一些传统风格。在这展示建筑形象的保护对策方面，需要建筑界、科研界的深入研究、挖掘，提取传统建筑元素的精华，并加以大力推广。

在传统民居建筑的保护中，针对传统保护的多样性、复杂性、各地传统的差异性，在等待统一的传统保护技术规范之前，各地积极出台自己半规范性的技术规程也许更为有效，更切实际。像《丽江古城传统民居保护维修手册》这种经市政府批复组织实施的文件，既带有技术指导性质，又带有一定的法规性质来试行，也不失为一种传统保护方法上的探索。技术指导需要部分专业工作者先行研究，而它也是法规产生的基础；法规的出台既带有强制性，又体现技术的指导作用，促进人们主动接受技术指导，提升自己的审美意识。技术指导与法规约束并行不悖，才能促进徐州传统保护工作的深化与提高。

5.2　徐州传统民居的继承

5.2.1　徐州传统民居保护

《文物保护法》中规定:“保护为主、抢救第一、合理利用、加强管理”。不进行利用，则没有保护意义，利用不好，会造成文物的损害。目前传统民居的继承与利用主要在研究和旅游等方面。

1. 传统民居对现代建筑的启迪

传统民居的材料更替，对于现代建筑技术及材料的研究更是不可或缺的部分。梁思成先生在《中国建筑史》中指出:“建筑之始,产生于实际需要,受制于自然物理，非着意创制形式，更无所谓派别。其结构之系统及形制之派别，乃其材料环境所形成。”同时，传统民居也是我们的祖先给我们留下的十分宝贵的建筑文化财富，但并不是所有留下的东西都是精华，也有糟粕。有人说：“建筑的历史主要是空间概念的历史”，我们在继承中应当从建筑的实质——空间构成入手。功能、意境、气氛是构成空间的方式，结构、材料是构成空间的实体。结构、材料的更新,使空间的形态随之变化;功能、意境也随着社会的进步有了较大变化，所以机械地套用传统空间是不可取的。但是追求某种功能、意境所用的手段仍可借鉴。借鉴传统民居室内外空间互相穿插、借景等手法，利用现代结构的特征，使得室内外空间的组合更加活泼；受传统屏风的启示，根据使用功能中时间和空间交错的可能，在功能厅、露台餐厅、客房等处考虑空间的多种分隔方式，不仅提高了建筑物的经济效益，也使空间富于变化。

2. 传统的形式语言要与现代技术相结合

传统的形式、符号都是当时技术、材料、伦理条件下的产物，在现代建筑创作中不宜机械地去模仿，要将传统的形式和符号与现代建筑技术有机地结合起来，加以简化和变形。只有在传统形式、符号与现代建筑技术有机结合的时候，才能感到它的存在是自然的、有生命力的。徐敬直指出:“有着流畅曲线和塑性美的古代造型将是应用新材料、新构造的中国未来建筑创作的基础。”继承地方建筑的传统文脉是现代住宅设计创新的一条有效途径，这是从过去到现在的持续发展。但并不是所有的传统民居都是这种发展前景，有的悄然退出历史舞台，有的幸存至今或成为文物，或继续为人们提供一个居住空间。因此，在继承优秀建筑文化传统时还必须了解和研究传统民居文化的内涵。只有这样，才能使幸存的传统民居得到根本的改善，使历史的文脉在现代建筑设计中得以持续发展（图 5–12）。

3. 从功能定位的角度对传统院落空间继承和创新

中国传统建筑，无论是皇宫、王府还是衙门、庙宇、餐馆、旅社、会馆，亦或是一般的平房四合院，大都是以院落方式来组织的，徐州传统民居建筑也不例外地运用了四合院的布局。在古代，院落式建筑除了作为住宅以外，还可以用作办公、商业、宗教等，或作为前店后寝等复合功能混合使用，所以传统的院落式建筑虽然形式上比较单一，但却适用于多种使用功能的要求。院落空间的继承和创新也

图 5–12　传统语言形式与现代技术结合

图 5–13 对传统院落空间的继承与创新

应在保持传统院落格局和空间尺度的前提下应对新的使用需求和规划控制体系，探索不同使用功能的院落模式。即可以在标准的传统院落单元内设计除居住以外的其他各种使用功能的新的院落模式，包括商业零售、餐饮娱乐、小型商务办公、文化展示、居住等，并使用新的院落模式构建符合传统肌理的街区（图 5–13）。

4. 借鉴中的创新

传统的借鉴不是目的，目的仍是创新。套用、照搬不是创造，结合环境、功能、地段区域条件、技术条件理性地分析才能得出正确的结论。所谓借鉴，只是借其神，而不是套其形。梁思成先生早年提出传统建筑创作要“中而不古，新而不洋”，就是为了追求反映时代特征、又不洋化、也不抄袭和照搬传统建筑的新建筑风格，而是从西方高技术中吸取有利于我国传统建筑发展的经验技术，为我国传统特色服务。在这一思想文脉中把中国传统建筑文化的理解提高到一个新境界，我们应当据此把握时机，打破传统的束缚，探索新的空间，发挥中国传统建筑文化的优势，保持文化内涵，走出传统建筑创新的正确发展之路。

对于徐州传统民居的研究主要是为了创造有徐州特色的新建筑，尤其是住宅建筑。现在的社会是信息化高速发展、国内外交流日益广泛的社会，随着国际上各种各样的文化进入国内，我们国家的建筑创作显现出非常纷繁复杂的局面。我国的建筑会向什么方向发展？如何保护地域性建筑文化？传统民居中的传统精神、传统意匠、传统形式、传统手法如何能与当今的建筑新材料、新技术融合，创造有特色的地域建筑？这些一直是当今建筑界热门的话题（图 5–14）。

图 5–14 徐州“新建筑”

图 5–15 徐州博物馆

在传统和创新的问题上，日本的一些建筑家作了些很有价值的研究与实践。日本建筑家黑川纪章提出了几种关于传统建筑如何继承的观点：“①沿袭历史上的外表形式但是引进新的技术和材料使之产生渐进的变化。②将历史上的外表形式打散成若干片段并将这些片段自由地配置于现代建筑作品中，即重新组合的方法。③继承表现在那些藏在历史上的符号和形式背后的看不见的思想、宇宙观、美学、生活习俗和历史上的思维方式。④运用抽象的符号体系，采用完全抽象的几何图形作为设计的要素，同时用它们来暗示古代的宇宙观和形态符号。”以上对于传统建筑的继承观点可以概括为：一种是因袭传统形式的方法，另一种是继承传统建筑非形态的精神方法。在我国地域性建筑的创作上，这两种形式都存在。

以清华大学关肇业院士设计的徐州博物馆为例，建筑方案从徐州特有的两汉文化出发，围绕这个主题从较高的层面着手，延续了历史文脉，创作出非常出色的地域性建筑。建筑主轴线上的三层中央大厅覆以青铜外饰的覆斗形屋顶，覆斗之下为筒瓦檐口，两者都是对汉代建筑和汉墓屋顶的高度抽象。位于主入口玻璃幕墙前方的门阙取材于出土的梯形梁刻石，形成视觉中心。主入口两侧的巨型阙式构图也是抽象于汉代双阙，并在上部刻以汉代典型的“十字穿环纹”。入口两侧大片实墙下部的带状装饰浮雕是请中央美院美术家设计制作的，从题材到雕刻手法也都借鉴于徐州汉画像石，起到了良好的装饰效果。这些建筑形象与特色的形成，不是对历史遗存的粗浅复制，更不是对新潮风格追求的结果，而是延续了历史文脉和凝聚了地方特色的自觉产物（图 5–15）。

图 5-16　传统怀抱中的现代建筑

同样，我们要继承传统，也不能只把眼光放在传统符号上，而是应该注重对传统文化的体会与运用，把传统文化、民族精神和现代建筑的技术融为一体，那才是真正的中国建筑。

5.2.2　徐州传统民居展望

西北大学教授、都城建筑史专家徐卫民说："有特色的城市名片往往不是博物馆里有多少文物，城内有多少高大建筑。有内涵的旅游者更关心古城的传统民居，他知道传统民居在钢筋水泥的冲击下会愈来愈少，他能够体验古人日常生活意蕴的机会也越来越小。唐诗、宋词等成就于此，芸芸众生的生命之始也肇于此！我们应该像爱护自己的眼睛一样爱护日益稀缺的传统民居。"我注意到，近 20 年来，对民居的研究越来越广。当然，中国传统民居的研究路还是很长、很宽。传统民居是流动于历史长河之中的，一部分经过考验而沉淀于文化遗产的行列，更多的仍在生气勃勃地向前发展，让人不断地探索与创造。希望传统民居能够成为一个不断发展的课题（图 5-16）。

后 记

《中国传统民居装饰艺术研究》是建设部2006年科学技术计划项目（编号06-R4-7），课题立项已有三年余，期间与课题组成员一起进行了多次田野考察，收集了大量的第一手资料，如徐州民居的实地测绘资料、建筑构件制作工艺资料和建筑装饰纹样资料等。通过研究对徐州地区民居有了深入的认识，也发现了徐州民居的平淡之美，它区别于苏州的轻柔、雅致，区别于山西的外向、奔放。基于禅宗美学可以更好地理解“平淡”，平淡之美可以理解为心灵的净化与回归，这是我起笔写该书的动因所在！

在此书写作期间得到课题组成员的大力支持，东南大学建筑学院仲德崑教授在百忙期间为本书写序，在此一并感谢！由于时间和平时俗务所致本书难免有疏漏和欠缺之处，敬请同行专家指正！

2010年3月于徐州

参考文献

[1] 东汉：刘熙．释名．释宫室．

[2]（德）马丁 · 海德格尔．演讲与讲文集 [M] 孙周兴译．北京：生活 · 读书 · 新知三联书店，2005.

[3] 苗力田．古希腊哲学 [C]. 北京：中国人民大学出版，1995.

[4] 樊浩．伦理精神的价值生态 [M]. 北京：中国社会科学出版社，2007.85.

[5] 王其钧．中国民间住宅建筑 [M]. 北京：机械工业出版社，2003.

[6] 李国华，祝靓．徐州古民居及其文化特点 [J]. 徐州继续教育学报，2001.

[7] 孙大章．中国民居研究 [M]. 北京：中国建筑工业出版社，2004.

[8] 李新建，李岚．苏北金字梁架及其文化意义 [J]. 建筑师，2005，6.

[9] 周景崇，黄玉冰．黑白苏州——漫谈苏州古城民居色彩文化 [J]. 艺术与设计，2007，10.

[10] 李欣．中国古建筑门饰艺术 [M]. 天津：天津大学出版社，2006，5.

[11] 傅立．北京四合院的石雕 [J]. 古建园林技术，2004，2.

[12] 张衡宇．城市规划中建筑色彩选择的影响因素分析 [J]. 中国建设教育，2007，6.

[13] 李诫．营造法式 [M]. 北京：人民出版社，2006，9.

[14] 长北．江南建筑雕饰艺术——徽州卷 [M]. 南京：东南大学出版社，2005，6.

[15] 祁金华．天津民居的砖雕艺术 [J]. 民俗研究，1995，3.

[16] 西汉：戴德，戴圣．礼记．

[17] 项隆元．《营造法式》与江南建筑．杭州：浙江大学出版社，2009，3.

[18] 方彭．中国历史文化名城—徐州．北京：中国铁道出版社，2008，5.

[19] 李燕，陈雷．中国传统民居．北京：中国建筑工业出版社，2009，3.

[20] 王其钧．中国传统建筑屋顶．北京：中国电力出版社，2009，3.

[21] 孟繁兴，陈国莹．古建筑保护与研究．北京：知识产权出版社，2006.

[22] 郑雷，古民居建筑村落的保护与开发．中外建筑，2006，5.

[23] 郭婷婷．关于城市建筑中古建筑保护的几点建议．科技创新导报，2008，3.

[24] 刘乃涛．论中国古建筑保护理念．文物春秋，2008，06.

[25] 葛藤，常江．解读徐州户部山古民居．中外建筑，2009，7.